H. J. Blaß, G. Gebhardt

Holzfaserdämmplatten – Trag- und Verformungsverhalten in aussteifenden Holztafeln

Titelbild: Lasteinleitung im Wandscheibenversuch
mit aussteifenden Holztafeln

Band 14 der Reihe
Karlsruher Berichte zum Ingenieurholzbau

Herausgeber
Universität Karlsruhe (TH)
Lehrstuhl für Ingenieurholzbau und Baukonstruktionen
Univ.-Prof. Dr.-Ing. H. J. Blaß

Holzfaserdämmplatten –
Trag- und Verformungsverhalten
in aussteifenden Holztafeln

Das diesem Bericht zugrunde liegende Vorhaben wurde mit Mitteln des Bundesministeriums für Wirtschaft und Technologie unter dem Förderkennzeichen 16IN0349 gefördert. Die Verantwortung für den Inhalt dieser Veröffentlichung liegt bei den Autoren.

von
H. J. Blaß
G. Gebhardt
Lehrstuhl für Ingenieurholzbau und Baukonstruktionen
Universität Karlsruhe (TH)

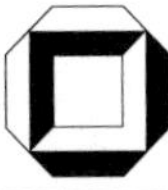

universitätsverlag karlsruhe

Impressum

Universitätsverlag Karlsruhe
c/o Universitätsbibliothek
Straße am Forum 2
D-76131 Karlsruhe
www.uvka.de

Universitätsverlag Karlsruhe 2009
Print on Demand

ISSN: 1860-093X
ISBN: 978-3-86644-369-3

Vorwort

In diesem Forschungsbericht werden auf der Grundlage von Versuchen die tragfähigkeitsrelevanten Parameter angegeben, die für die Abschätzung der Tragfähigkeit und die Bemessung von mit Holzfaserdämmplatten beplankten Holztafeln notwendig sind. Hierfür wurde in Versuchen die Schubfestigkeit von Holzfaserdämmplatten bestimmt. Weiterhin wurden die Lochleibungsfestigkeit sowie die Kopf- und Rückendurchziehtragfähigkeit von Schrauben und Klammern für die Berechnung der Tragfähigkeit der Verbindung ermittelt. Für die Bestimmung der Steifigkeit wurden Schubmoduln von HFDP und Verschiebungsmoduln von Holz-HFDP-Verbindungen bestimmt. Es werden Modelle zur Berechnung der Tragfähigkeit von Holz-HFDP-Verbindungen vorgeschlagen und durch Versuche verifiziert. In Versuchen wurden die Tragfähigkeit und Steifigkeit von bauteilgroßen Wand- und Dachscheiben bestimmt.

Die Arbeit wurde durch das Programm „Förderung von innovativen Netzwerken" (InnoNet des Bundesministeriums für Wirtschaft und Technologie BMWi, Förderkennzeichen 16IN0349) gefördert. Für die Versuche wurden Holzfaserdämmplatten, Verbindungsmittel sowie Vollholz für die Wand- und Dachscheibenversuche von den beteiligten Industrieunternehmen kostenfrei zur Verfügung gestellt.

Die Planung der Untersuchungen, die Durchführung der Versuche und deren Auswertung sowie die Erstellung des Forschungsberichtes erfolgten durch Herrn Dipl.-Ing. G. Gebhardt.

Für die Herstellung der Versuchskörper sowie der Versuchsvorrichtungen und für die Messungen im Labor waren die Herren A. Klein, M. Deeg, M. Huber, G. Kranz und M. Scheid verantwortlich. Bei der Versuchsdurchführung und der Auswertung der Versuchsergebnisse haben die Herren Dipl.-Ing. A. Ewen und Dipl.-Ing. T. Heck sowie die wissenschaftlichen Hilfskräfte des Lehrstuhls für Ingenieurholzbau und Baukonstruktionen tatkräftig mitgewirkt.

Allen Beteiligten ist für die Mitarbeit zu danken.

Hans Joachim Blaß

Inhalt

1 Einleitung

Holzfaserdämmplatten (HFDP) zählen zu den Holzwerkstoffen und werden seit einigen Jahren zunehmend zur Wärme- und Schalldämmung eingesetzt. Das Ausgangsmaterial von HFDP sind Holzfasern, die aus Schwachhölzern und Holzresten gewonnen werden. Aus den Holzfasern können HFDP in zwei unterschiedlichen Verfahren hergestellt werden. Im Nassverfahren werden die Holzfasern mit Wasser zu einem Brei vermischt und anschließend verpresst und getrocknet. Als Bindemittel dient ausschließlich der holzeigene Stoff Lignin. Im Trockenverfahren werden die getrockneten Holzfasern mit Klebstoff besprüht und verpresst.

Die tragende Beplankung von aussteifenden Holztafeln wird bislang in Brettsperrholz, Spanplatten, OSB oder Gipskartonplatten ausgeführt. Als plattenförmiger Baustoff könnten auch HFDP als tragende Beplankung eingesetzt werden. HFDP besitzen aber im Vergleich mit anderen Holzwerkstoffplatten eine geringere Rohdichte, die sich in geringeren Festigkeiten und günstigeren Wärmedämmeigenschaften widerspiegeln. Durch die steigenden Anforderungen an den Wärmeschutz werden zunehmend dickere HFDP eingesetzt. Werden die geringeren Tragfähigkeiten durch die größeren Plattendicken ausgeglichen, kann die Funktion der Lastabtragung und des Wärme- und Schallschutzes in einem Werkstoff vereint werden. Somit kann die Effizienz des eingesetzten Materials gesteigert werden.

Für einen Einsatz als tragende Beplankung in Holztafeln muss die horizontale Einwirkung aufgenommen und abgetragen werden. Hierfür ist der Nachweis zu erbringen, dass die längenbezogene Schubfestigkeit größer ist als der einwirkende Schubfluss. Für die Bestimmung der längenbezogenen Schubfestigkeit sind Kenntnisse über die Schubfestigkeit und die Tragfähigkeit der Verbindung zwischen Beplankung und Unterkonstruktion notwendig. Die Tragfähigkeit der Verbindung wiederum ist abhängig von der Lochleibungsfestigkeit und der axialen Tragfähigkeit von Verbindungsmitteln in HFDP. Für den Nachweis der Gebrauchstauglichkeit ist die Verformung zu begrenzen. Für die Bestimmung der Verformung sind der Schubmodul der Beplankung und der Verschiebungsmodul der Verbindung notwendig. Diese tragfähigkeits- und steifigkeitsrelevanten Parameter wurden für HFDP bislang nicht systematisch untersucht.

2 Auswahl und Eigenschaften von Holzfaserdämmplatten

HFDP werden in zwei unterschiedlichen Verfahren hergestellt. Im Nassverfahren werden die Holzfasern mit Wasser zu einem Brei vermischt und anschließend verpresst und getrocknet. Im Trockenverfahren werden die zuvor getrockneten Holzfasern mit Klebstoff besprüht und verpresst. Im Nassverfahren werden Platten größerer Dicken durch Verklebung mehrerer dünner Platten hergestellt, während im Trockenverfahren auch Platten mit Dicken bis zu 200 mm einlagig hergestellt werden können.

HFDP können in Gebäuden in verschiedenen Bereichen eingesetzt werden. In Dächern können sie als Unterdeckplatte die Unterspannbahn ersetzen (siehe Bild 2-1). Dämmplatten können als zusätzliche Dämmung in der Aufsparren- oder Zwischensparrendämmung zum Einsatz kommen (siehe Bild 2-2 und Bild 2-3). In Wänden können ebenfalls Unterdeckplatten und Dämmplatten verwendet werden. Die Unterdeckplatte und die Außenhaut können in Wänden auch durch eine Wärmedämmverbundplatte mit einem Putzsystem ersetzt werden. In Bild 2-4 ist der Einsatz einer Wärmedämmverbundplatte in einer Wand dargestellt.

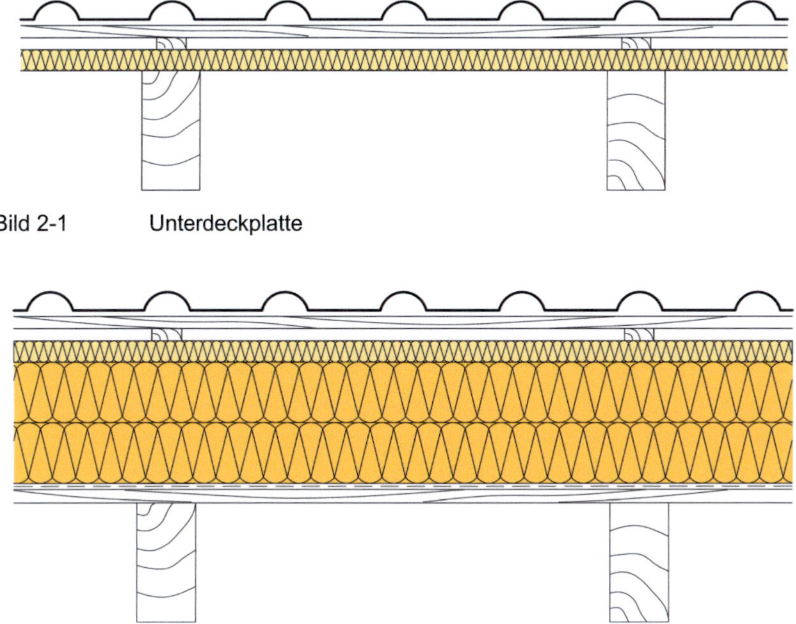

Bild 2-1   Unterdeckplatte

Bild 2-2   Unterdeckplatte und zweilagige Aufsparrendämmung

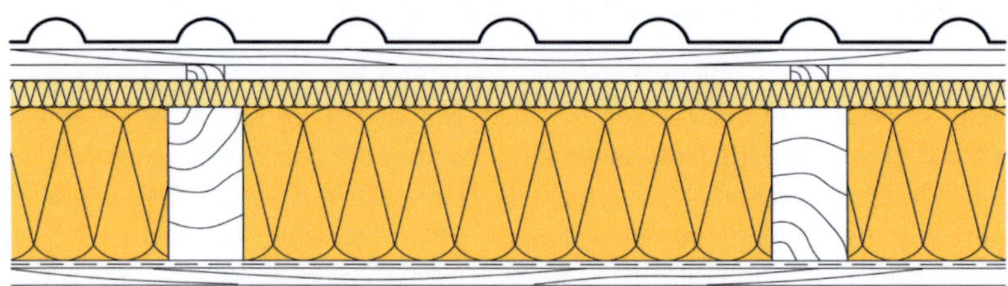

Bild 2-3   Unterdeckplatte und Zwischensparrendämmung

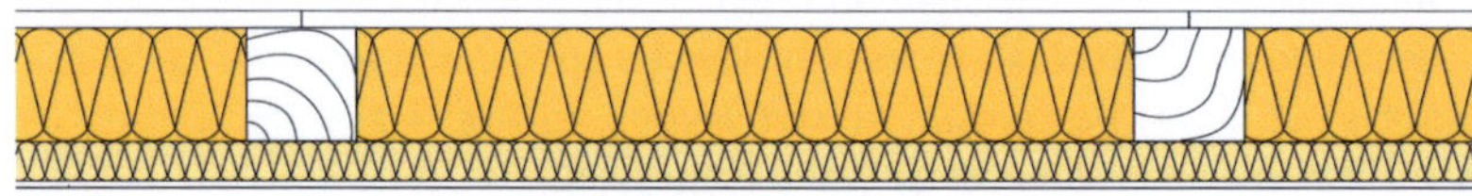

Bild 2-4   Wärmedämmverbundplatte und Dämmung

In Vorversuchen wurde eine Korrelation der Festigkeitseigenschaften mit der Rohdichte von HFDP festgestellt. Daher wurden für die Untersuchungen der Tragfähigkeitseigenschaften HFDP aus den unterschiedlichen Einsatzbereichen und aus einem Nennrohdichtebereich von 100 bis 270 kg/m^3 ausgewählt. Für die Versuche wurden HFDP aus bis zu vier Herstellungschargen je HFDP und Plattendicke von vier Herstellern zur Verfügung gestellt. In Tabelle 2-1 sind die ausgewählten HFDP mit ihren wichtigsten Eigenschaften zusammengestellt. HFDP, die in den Vorversuchen untersucht wurden, sind mit der Endung „_I" gekennzeichnet. Die HFDP „1_1d_II" bezeichnet eine Unterdeckplatte des Herstellers 1, die zum Zeitpunkt der Vorversuche im Nassverfahren hergestellt und inzwischen durch die Platte 1_1d ersetzt wurde. Die WDVP des Herstellers 2 besteht aus Platten mit unterschiedlichen Rohdichten und besitzt ein kombiniert aufgebautes Rohdichteprofil.

Die Rohdichte und der Feuchtegehalt der ausgewählten Platten wurden ermittelt und sind in Tabelle 12-2 bis Tabelle 12-19 zusammengestellt. Die Einzelwerte der Rohdichte und die vorgeschlagene charakteristische Rohdichte sind in Bild 2-5 für UDP mit einer Plattendicke $t \leq 22$ mm, in Bild 2-6 für UDP mit einer Plattendicke $t > 22$ mm, in Bild 2-7 für WDVP und in Bild 2-8 für DP dargestellt. Die vorgeschlagene charakteristische Rohdichte für alle Dämmplatten liegt bei $\rho_k = 100$ kg/m^3. Für die Dämmplatten der Hersteller 2 und 3 kann auch eine charakteristische Rohdichte von $\rho_k = 150$ kg/m^3 vorgeschlagen werden. Die UDP 3_2 und 4 wurden in den Bauteilversuchen mit Wand- und Dachtafeln verwendet.

Tabelle 2-1 Eigenschaften der ausgewählten HFDP

Plattentyp	Hersteller _Platte	Plattendicke in mm	Herstell- verfahren	Anzahl der Lagen	Nenn- rohdichte in kg/m³	Bezeich- nung
UDP	1_1	18	N	1	260	1_1a (_I)
		22	N	1	260	1_1b
		28	T	1	200	1_1c
		35	T	1	200	1_1d (_I)
		36	N	2	260	1_1d_II
	1_2	50	T	1	190	1_2
	2	18	N	1	240	2_a (_I)
		22	N	1	240	2_b
		35	N	2	240	2_c
		60	N	3	240	2_d_I
	3	18	N	1	270	3_a (_I)
		22	N	1	270	3_b
		35	N	2	270	3_c
		52	N	3	270	3_d_I
	3_2	60	N	3	240	3_2
	4	60	N	3	250	4
WDVP	1_1	40	T	1	160	1_1
	1_2	40	T	1	190	1_2
	2	60	N	3	190	2
	3	40	N	2	250	3
DP	1	40	T	1	110	1
	2	40	N	2	140	2
	3	40	N	2	160	3

UDP: Unterdeckplatte   WDVP: Wärmedämmverbundplatte   DP: Dämmplatte

N: Nassverfahren   T: Trockenverfahren

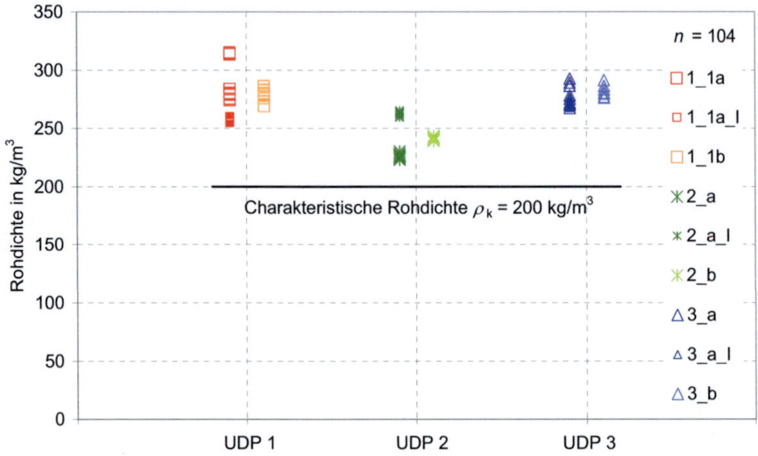

Bild 2-5   Einzelwerte und charakteristischer Wert der Rohdichte für UDP mit $t \leq 22$ mm

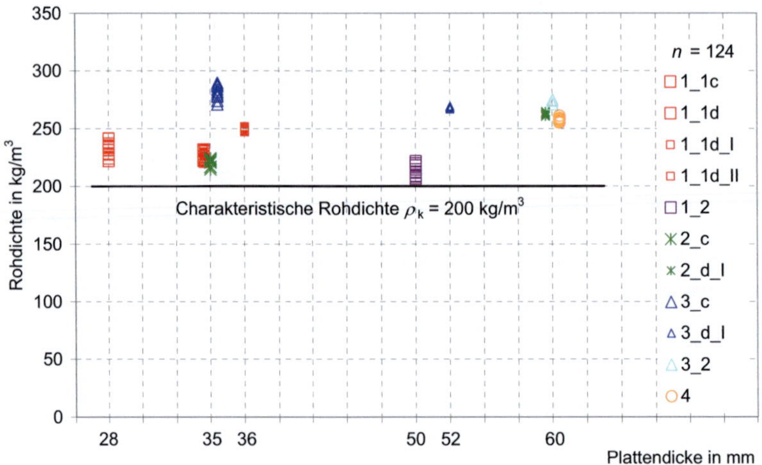

Bild 2-6   Einzelwerte und charakteristischer Wert der Rohdichte für UDP mit $t > 22$ mm

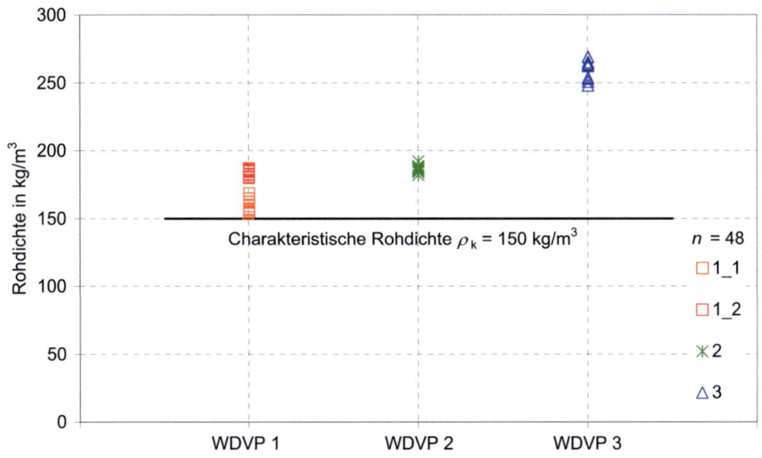

Bild 2-7   Einzelwerte und charakteristischer Wert der Rohdichte für WDVP

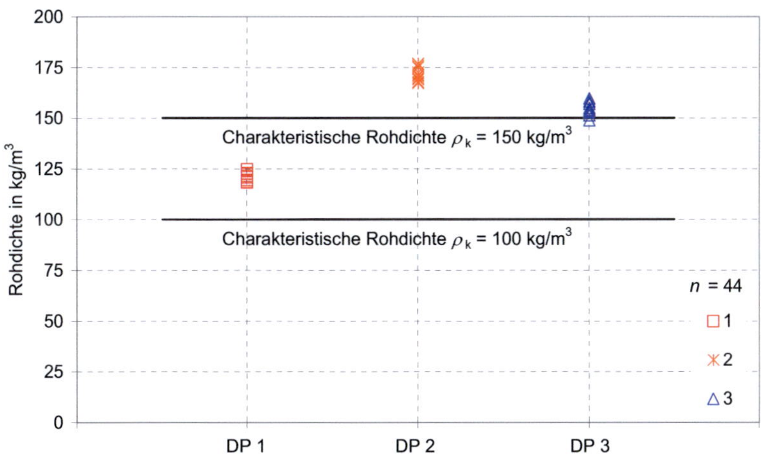

Bild 2-8   Einzelwerte und charakteristische Werte der Rohdichte für DP

3 Bemessung von Holztafeln nach DIN 1052:2004-08

Gebäude aus Holz werden im Wesentlichen in zwei Bauweisen erstellt. In der Massivholzbauweise werden vollflächige Wandelemente aus einzelnen Brettern hergestellt. In den einzelnen Schichten können die Bretter parallel, orthogonal oder in einem Winkel zueinander angeordnet werden. Die Verbindung der Bretter untereinander kann durch Verklebung oder Dübel erfolgen. Die flächigen Bauteile vereinen dann in einem Bauteil die Lastabtragung in unterschiedlichen Ebenen und können auch bauphysikalische Funktionen übernehmen.

Die zweite Möglichkeit ist die Holztafelbauweise. Hierbei bestehen die Wände aus Rippen, die zur Aussteifung mit flächigen Holzwerkstoffplatten beplankt werden. Die Lasten werden von den Rippen in die Beplankung eingeleitet, die die Aussteifung der Konstruktion gewährleistet. Für die Bemessung von Holztafeln ist nach DIN 1052:2004-08 der Nachweis des Schubflusses nach den Gleichungen (1) und (2) zu führen:

$$s_{v,0,d} \leq f_{v,0,d} \tag{1}$$

mit

$s_{v,0,d}$ Bemessungswert des Schubflusses

$f_{v,0,d}$ Bemessungswert der längenbezogenen Schubfestigkeit der Beplankung unter Berücksichtigung der Verbindungen und des Beulens

$$f_{v,0,d} = \min \begin{cases} k_{v1} \cdot \dfrac{R_d}{a_v} \\[2mm] k_{v1} \cdot k_{v2} \cdot f_{v,d} \cdot t \\[2mm] k_{v1} \cdot k_{v2} \cdot f_{v,d} \cdot 35 \cdot \dfrac{t^2}{a_r} \end{cases} \tag{2}$$

mit

k_{v1} Beiwert zur Berücksichtigung der Anordnung und Verbindungsart der Platten

     $k_{v1} = 1{,}0$ für Tafeln mit allseitig schubsteif verbundenen Plattenrändern

     $k_{v1} = 0{,}66$ für Tafeln mit nicht allseitig schubsteif verbunden Plattenrändern

k_{v2} Beiwert in Abhängigkeit von der Zusatzbeanspruchung

$k_{v2} = 0,33$ bei einseitiger Beplankung

$k_{v2} = 0,5$ bei beidseitiger Beplankung

R_d Bemessungswert der Tragfähigkeit eines Verbindungsmittels auf Abscheren

a_v Abstand der Verbindungsmittel untereinander

$f_{v,d}$ Bemessungswert der Schubfestigkeit der Platten

a_r Abstand der Rippen

Die Variablen in Gleichung (2) können in systemabhängige und materialabhängige Variablen unterschieden werden. Als systemabhängige Variablen sind die Variablen Abstand der Verbindungsmittel a_v, Abstand der Rippen a_r und die Beiwerte k_{v1} und k_{v2} anzusehen. Materialabhängige Variablen sind die Tragfähigkeit der Verbindung R_d, die Schubfestigkeit $f_{v,d}$ und die Plattendicke t. Für HFDP wurden die Schubfestigkeit und die Tragfähigkeit von Verbindungen bislang nicht systematisch untersucht. In den folgenden Abschnitten werden Versuche zur Ermittlung der materialabhängigen Variablen vorgestellt.

4 Schubtragfähigkeit und Schubsteifigkeit

4.1 Prüfverfahren und Vorversuche

Für die Verwendung von HFDP als tragende Beplankung in Holztafeln muss der Werkstoff eine ausreichende Schubfestigkeit rechtwinklig zur Plattenebene besitzen. Die Eigenschaften von Holzwerkstoffplatten bei Schubbeanspruchung können z. B. nach DIN EN 789:2005 ermittelt werden. Hierin wird ein Prüfverfahren zur Ermittlung der Schubfestigkeit rechtwinklig zur Plattenebene beschrieben. In Bild 4-1 ist die Geometrie des Versuchskörpers sowie der Versuchsaufbau nach DIN EN 789:2005 dargestellt.

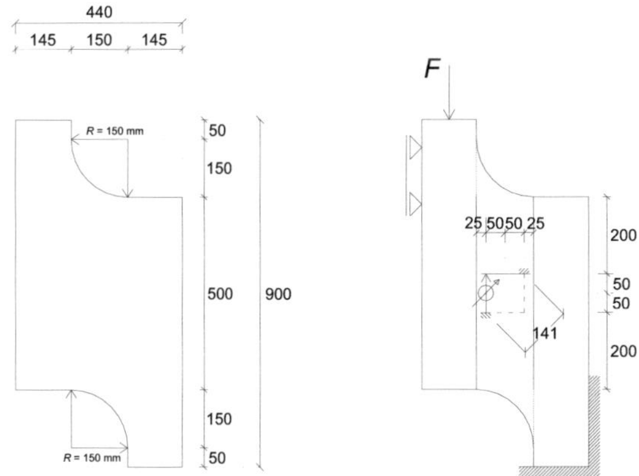

Bild 4-1   Versuchskörpergeometrie und Versuchsdurchführung

Nach DIN EN 789:2005 ist der Versuchskörper mit Seitenhölzern zu verstärken. Die Seitenhölzer können mit dem Versuchskörper verklebt oder verklemmt werden. In Vorversuchen wurden verschiedene Möglichkeiten der Verbindung verglichen und untersucht, ob das Prüfverfahren auch für HFDP, mit im Vergleich zu anderen Holzwerkstoffen geringeren Rohdichten und damit geringeren zu erwartenden Festigkeiten angewendet werden kann. Neben der Verklebung wurden unterschiedliche Möglichkeiten eines Festklemmens mit Bolzen untersucht. In Bild 4-2 sind die Kraft-Verschiebungskurven der Versuche gruppiert nach der Art der Verbindung dargestellt. Ein lockeres Festklemmen mit drei Bolzen führte zu einem unregelmäßigen Verlauf der Kraft-Verschiebungskurve. Auch eine lockere Klemmwirkung mit fünf Bolzen bewirkte Unregelmäßigkeiten im Verlauf der Kraft-Verschiebungskurve. Durch ein festeres Anziehen der Bolzen wird eine regelmäßige Kraft-Verschiebungskurve erreicht, die auch mit der Kurve eines verklebten Versuchskörpers vergleichbar ist.

Bei einem verklebten Versuchskörper und einer dickeren Platte wurde die Schubfestigkeit in Plattenebene erreicht. In Bild 4-3 ist das Versagen dargestellt. Somit wurden alle weiteren Versuche mit fünf Bolzen als Verbindung zwischen Seitenhölzern und HFDP durchgeführt. In Bild 4-4 ist ein Versuchskörper im Versuchsaufbau und das typische Versagen dargestellt.

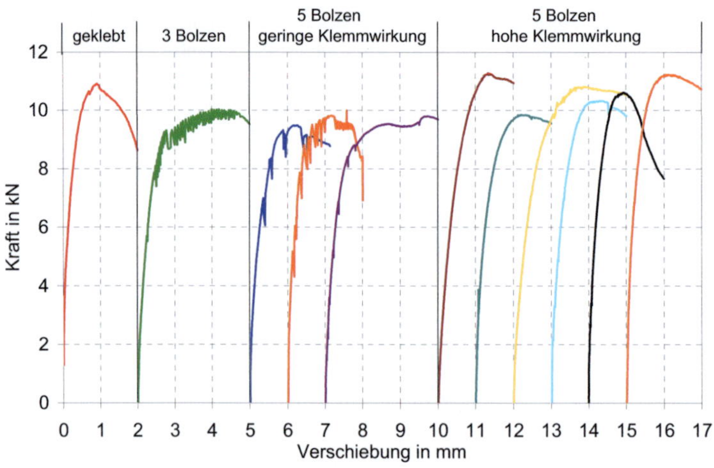

Bild 4-2   Testversuche mit verschiedenen Möglichkeiten der Lasteinleitung

Bild 4-3   Schubversagen in Plattenebene im geklebten Versuchskörper

Bild 4-4   Eingebauter Versuchskörper und Versagen in der Schubzone

Für die Bestimmung des Schubmoduls nach DIN EN 789:2005 ist auf beiden Seiten des Prüfkörpers in den Druckdiagonalen die Verkürzung der Ausgangsmessstrecke zu messen und der Mittelwert der auf beiden Seiten ermittelten Messwerte zu bilden. Hierbei wird die Verkürzung der Ausgangsmessstrecke ermittelt. Dabei muss sich der Wegaufnehmer für eine genaue Messung mitdrehen können. Dies wird z. B. mit einem Seilzugaufnehmer ermöglicht. Für die Messung im Schubfeld der Prüfkörper standen keine entsprechend kurzen Seilzugaufnehmer zur Verfügung. Daher wurde mit zwei induktiven Wegaufnehmern nicht die Differenz u gemessen, sondern die vertikale Relativverschiebung u'. Die Umrechnung ist in Bild 4-5 dargestellt.

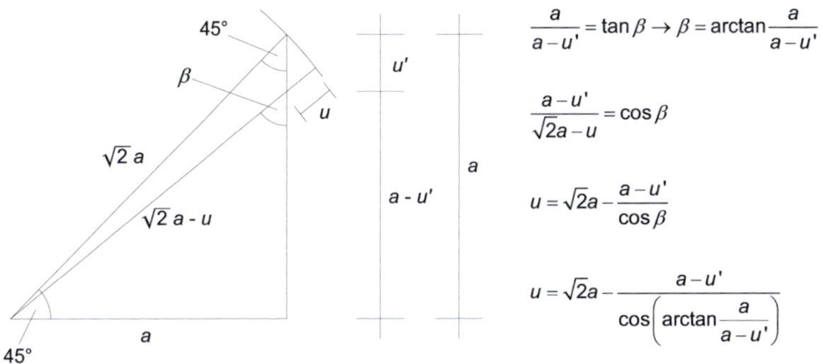

$$\frac{a}{a-u'} = \tan \beta \rightarrow \beta = \arctan \frac{a}{a-u'}$$

$$\frac{a-u'}{\sqrt{2}a-u} = \cos \beta$$

$$u = \sqrt{2}a - \frac{a-u'}{\cos \beta}$$

$$u = \sqrt{2}a - \frac{a-u'}{\cos\left(\arctan \frac{a}{a-u'} \right)}$$

Bild 4-5   Umrechnung der Verschiebung

Für kleine u' ist $\beta \approx 45°$ und der Kreisabschnitt kann durch eine Gerade angenähert werden. Dadurch kann u vereinfacht berechnet werden zu:

$$u = \frac{u'}{\sqrt{2}} \tag{3}$$

mit

u Verkürzung der Ausgangsmessstrecke

u' vertikale Relativverschiebung

Für eine erste Abschätzung der Schubfestigkeiten und Schubmoduln wurden in Vorversuchen sieben Versuchsreihen mit jeweils 12 Versuchen durchgeführt. Die Last wurde kontinuierlich aufgezeichnet und die Höchstlast ermittelt. Die Schubfestigkeit f_v berechnet sich nach DIN EN 789:2005 nach Gleichung (4) und der Schubmodul G rechtwinklig zur Plattenebene nach Gleichung (5). In Tabelle 4-1 sind die Ergebnisse der Vorversuche mit Unterdeckplatten zusammengefasst.

$$f_v = \frac{F_{max}}{\ell \cdot t} \tag{4}$$

mit

F_{max} Höchstlast

ℓ Länge des Prüfkörpers entlang der Mittellinie des Scherbereiches

t mittlere Dicke des Prüfkörpers, gemessen an zwei Stellen der Mittellinie

$$G = \frac{0{,}5 \cdot (F_2 - F_1) \cdot \ell_1}{(u_2 - u_1) \cdot \ell \cdot t} \tag{5}$$

mit

$F_2 - F_1$ Zunahme der Last zwischen $0{,}1 \cdot F_{max}$ und $0{,}4 \cdot F_{max}$

$u_2 - u_1$ Zunahme der Verformung entsprechend $F_2 - F_1$

ℓ_1 Messlänge

Tabelle 4-1   Ergebnisse der Vorversuche (Mittelwerte)

UDP	Dicke in mm	Anzahl	f_v in N/mm^2	G in N/mm^2	ρ in kg/m^3	u in %
1_1a_I	18	12	0,70	199	258	9,2
1_1d_I	35	12	0,56	151	227	9,8
1_1d_II	36	12	0,71	172	249	9,6
2_a_I	18	11	1,08	304	262	9,1
2_d_I	60	12	0,84	187	263	9,6
3_a_I	18	12	0,62	178	271	8,3
3_d_I	52	12	0,67	254	268	8,8

4.2   Ermittlung charakteristischer Werte der Schubfestigkeiten

Für die Ermittlung charakteristischer Werte wurden weitere Versuche mit einer größeren Auswahl HFDP durchgeführt. Die Mittelwerte der Versuchsergebnisse sind in
Tabelle 12-1 zusammengefasst. Die detaillierten Versuchsergebnisse sind in Tabelle
12-2 bis Tabelle 12-19 zusammengestellt. Die charakteristischen Werte wurden nach
DIN EN 14358:2007 berechnet.

In Bild 4-6 bis Bild 4-9 sind die Einzelwerte und der vorgeschlagene charakteristische
Wert der Schubfestigkeit für HFDP dargestellt. Die untersuchten HFDP werden hier-
für in UDP mit einer Plattendicke $t \leq 22$ mm, UDP mit einer Plattendicke $t > 22$ mm,
WDVP der Hersteller 1 und 3 sowie WDVP des Herstellers 2 und DP unterteilt. Die
WDVP des Herstellers 2 besitzt einen kombinierten Rohdichteaufbau und wird auf
Grundlage der Ergebnisse der Schubversuche den Dämmplatten zugeordnet. Als
charakteristischer Wert der Schubfestigkeit wird für UDP mit einer Plattendicke
$t \leq 22$ mm $f_{v,k} = 0,58$ N/mm^2, für UDP mit einer Plattendicke $t > 22$ mm
$f_{v,k} = 0,42$ N/mm^2, für WDVP mit einem homogenen Rohdichteaufbau
$f_{v,k} = 0,30$ N/mm^2 und für DP $f_{v,k} = 0,11$ N/mm^2 vorgeschlagen.

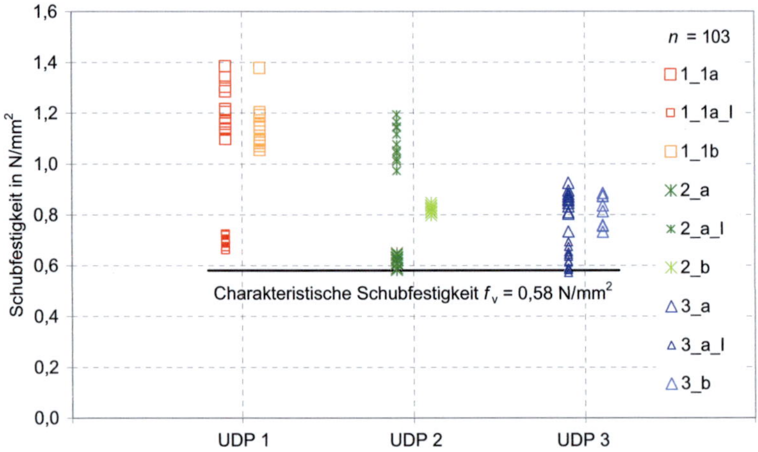

Bild 4-6   Einzelwerte und charakteristischer Wert der Schubfestigkeit für UDP mit $t \leq 22$ mm

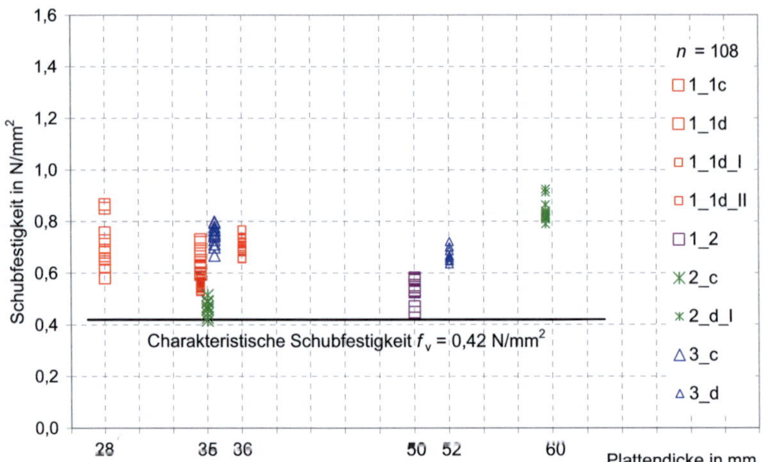

Bild 4-7   Einzelwerte und charakteristischer Wert der Schubfestigkeit für UDP mit $t > 22$ mm

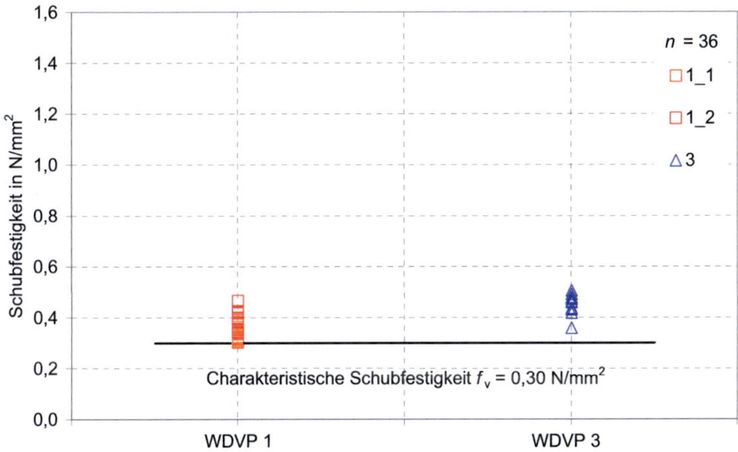

Bild 4-8   Einzelwerte und charakteristischer Wert der Schubfestigkeit für WDVP der Hersteller 1 und 3

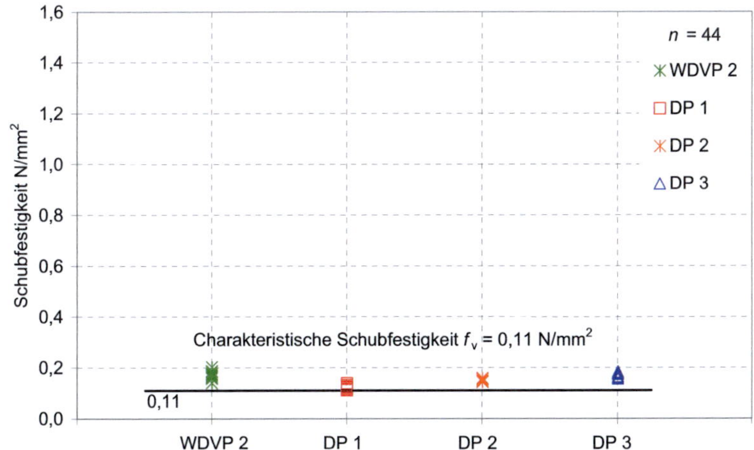

Bild 4-9   Einzelwerte und charakteristischer Wert der Schubfestigkeit für WDVP 2 und DP

In Bild 4-10 sind die Werte der Schubfestigkeit den ermittelten Rohdichten gegenübergestellt. Zu erkennen ist die Zunahme der Schubfestigkeit mit steigender Rohdichte. Die Schubfestigkeit kann nach Gleichung (6) in Abhängigkeit von der Rohdichte abgeschätzt werden. Der Korrelationskoeffizient zwischen der Schubfestigkeit f_v und der Rohdichte beträgt $R = 0,847$.

$$f_v = 1,3 \cdot 10^{-6} \cdot \rho^{2,39} \text{ in N/mm}^2 \tag{6}$$

mit

ρ \qquad Rohdichte der HFDP in kg/m³

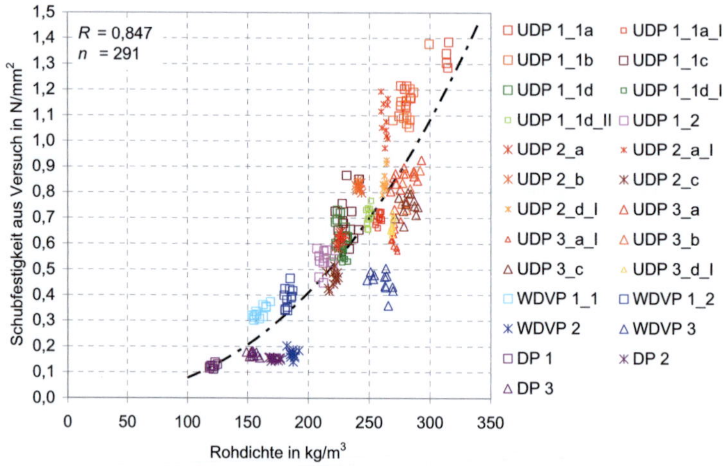

Bild 4-10   Schubfestigkeit aus Versuchen über Rohdichte

4.3   Ermittlung charakteristischer Werte der Schubmoduln

Wie in Abschnitt 4.1 erläutert, wird für die Ermittlung der Schubmoduln die Verformung in einem Bereich von 100 mm x 100 mm gemessen. Bei der Messung der Verformung trat bei einem Teil der Versuchskörper eine ungleichförmige Last-Verschiebungskurve auf. Dies könnte durch ein Versagen außerhalb des Messbereiches oder Ungenauigkeiten in der Wegmessung begründet werden. Erst im fortgeschrittenen Versuch oder nach dem Erreichen der Höchstlast stellte sich eine Verformung im Messbereich ein. Daher liegen die für diese Versuche ermittelten Schubmoduln über den vergleichbaren Werten und wurden für die Auswertung nicht berücksichtigt. Für eine verbesserte Messung der Verschiebung sind weitere Versuche notwendig. Die mittleren Schubmoduln sind in Tabelle 12-1 zusammengestellt. Die Versuchsergebnisse sind in Tabelle 12-2 bis Tabelle 12-19 zusammengestellt.

Die Schubmoduln wurden aus den Ergebnissen der Vorversuche und der folgenden Versuche abgeschätzt und sind durch weitere Versuche zu bestätigen. In Bild 4-11 bis Bild 4-14 sind die Einzelwerte und der vorgeschlagene charakteristische Wert des Schubmoduls für HFDP dargestellt. Die HFDP wurden wie für die Ermittlung charakteristischer Schubfestigkeiten unterteilt in UDP mit einer Plattendicke $t \leq 22$ mm, UDP mit einer Plattendicke $t > 22$ mm, WDVP der Hersteller 1 und 3 sowie WDVP des Herstellers 2 und DP.

Als charakteristischer Wert wird für den Schubmodul von UDP mit einer Plattendicke $t \leq 22$ mm $G_{mean} = 350$ N/mm^2, für UDP mit einer Plattendicke $t > 22$ mm $G_{mean} = 300$ N/mm^2, für WDVP der Hersteller 1 und 3 $G_{mean} = 300$ N/mm^2 sowie für die WDVP des Herstellers 2 und DP $G_{mean} = 250$ N/mm^2 vorgeschlagen.

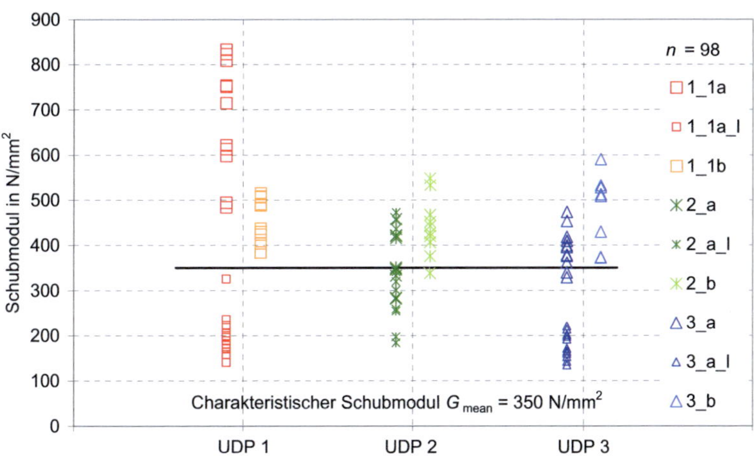

Bild 4-11   Einzelwerte und charakteristischer Wert der Schubmoduln für UDP mit $t \leq 22$ mm

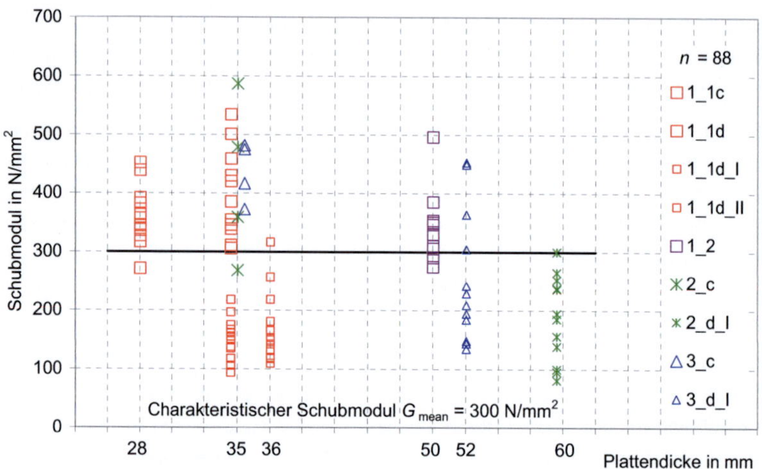

Bild 4-12   Einzelwerte und charakteristischer Wert der Schubmoduln für UDP mit t > 22 mm

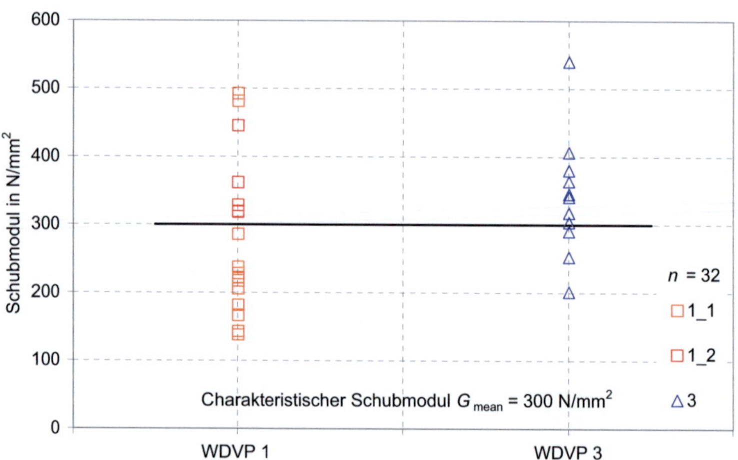

Bild 4-13   Einzelwerte und charakteristischer Wert der Schubmoduln für WDVP der Hersteller 1 und 3

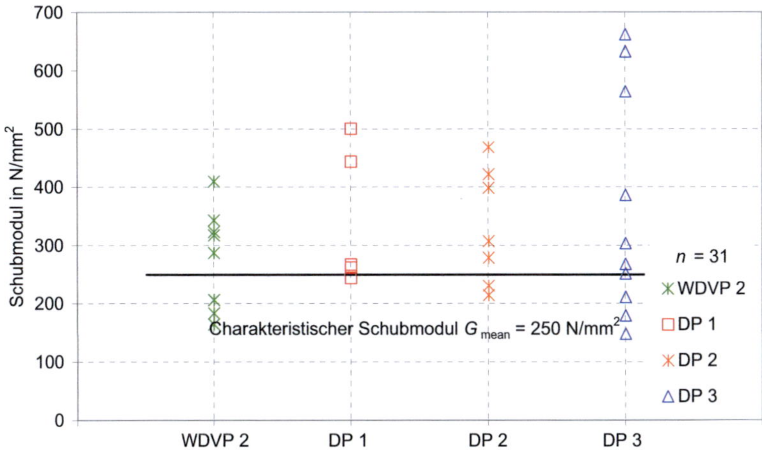

Bild 4-14   Einzelwerte und charakteristischer Wert der Schubmoduln für WDVP des Herstellers 2 und DP

In Tabelle 4-2 werden auf der Grundlage der ermittelten Werte gerundete Festigkeits-, Steifigkeits- und Rohdichtekennwerte für HFDP vorgeschlagen. Hierbei werden HFDP in vier Gruppen unterteilt: UDP mit einer Plattendicke $t \leq 22$ mm, UDP mit einer Plattendicke $t > 22$ mm, homogen aufgebaute Wärmedämmverbundplatten WDVPh sowie kombiniert aufgebaute Wärmedämmverbundplatten WDVPc und Dämmplatten DP. Die vorgeschlagenen Werte wurden an einer begrenzten Auswahl von HFDP ermittelt und können nicht uneingeschränkt auf alle weiteren HFDP übertragen werden. Hierfür sind bestätigende Versuche an einzelnen Platten notwendig. Für weitere Versuche sollten Platten aus mehreren Chargen ausgewählt werden, da hier die maßgebenden Unterschiede beobachtet wurden.

Tabelle 4-2   Kennwerte von HFDP

| | UDP | | WDVPh | WDVPc |
	$t \leq 22$ mm	$t > 22$ mm		DP
$f_{v,k}$ in N/mm²	0,6	0,4	0,3	0,1
G_{mean} in N/mm²	350	300	300	250
ρ_k in kg/m³	200		150	150 / 100

WDVPh:	homogen aufgebaute Wärmedämmverbundplatte
WDVPc:	kombiniert aufgebaute Wärmedämmverbundplatte

4.4 Vergleich der Ergebnisse mit Gipskartonplatten

In Abschnitt 3 wurde die Bemessung von Holztafeln nach DIN 1052:2004-08 vorgestellt. Neben dem Erreichen der Tragfähigkeit der Verbindung können ein Schubversagen der Beplankung und ein Beulen der Beplankung eintreten. Das Produkt „$t \cdot f_{v,d}$" (in N/mm) aus Plattendicke t und der Schubfestigkeit $f_{v,d}$ kann als materialabhängiger Widerstand gegen das Schubversagen der Beplankung und das Produkt „$t \cdot f_{v,d}^2$" (in N) als materialabhängiger Widerstand gegen das Beulen der Beplankung formuliert werden.

Im Folgenden werden der Schubwiderstand und der Beulwiderstand einer Beplankung mit HFDP mit den Werten von Gipskartonplatten (GKB) verglichen. Die Kennwerte der Gipskartonplatte werden hierfür aus DIN 1052:2004-08 entnommen und sind in Tabelle 4-3 angegeben.

Tabelle 4-3   Kennwerte von GKB nach DIN 1052:2004-08

Nenndicke der Platten in mm	12,5 – 15 – 18
$f_{v,k}$ unter Scheibenbeanspruchung in N/mm^2	1,0
G_{mean} unter Scheibenbeanspruchung in N/mm^2	700
Rohdichte in kg/m^3	680

In Bild 4-15 ist der Vergleich zwischen dem Schubwiderstand von HFDP und GKB dargestellt. Die kombinierte WDVP des Herstellers 2 und die DP sowie die UDP mit einer Plattendicke von 18 mm liegen unterhalb des Wertes der GKB mit einer Dicke von 12,5 mm. Die Unterdeckplatte mit einer Dicke von 28 mm und die homogen aufgebauten WDVP liegen auf dem Niveau der GKB mit einer Dicke von 12,5 mm und die UDP mit 35/36 mm Plattendicke im Bereich der GKB mit einer Dicke von 15 mm. Die UDP mit $t = 22$ mm liegt zwischen den Werten der 15 mm dicken GKB und der 18 mm dicken GKB während die UDP mit größeren Plattendicken über dem Wert der 18 mm dicken GKB liegen.

In Bild 4-16 ist der Vergleich zwischen HFDP und GKB in Bezug auf den Beulwiderstand dargestellt. Die DP sowie die UDP mit einer Plattendicke von 18 mm liegen zwischen den Werten der 12,5 mm dicken GKB und der 15 mm dicken GKB. Die Unterdeckplatte mit einer Dicke von 28 mm liegt im Bereich der GKB mit einer Dicke von 18 mm, während alle weiteren HFDP größere Werte aufweisen.

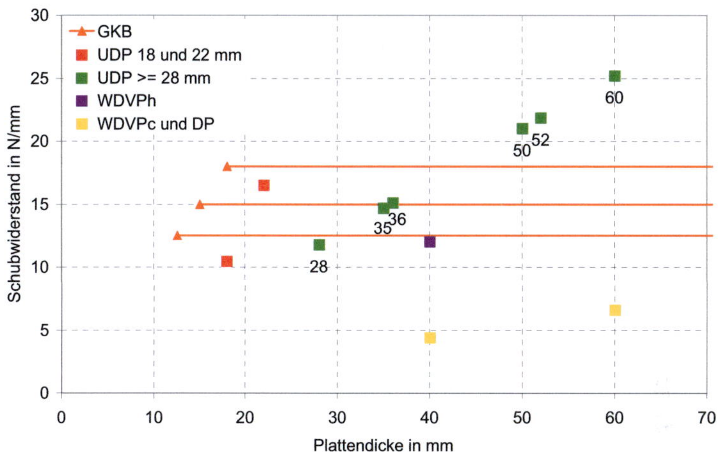

Bild 4-15   Vergleich Schubwiderstand HFDP – GKB

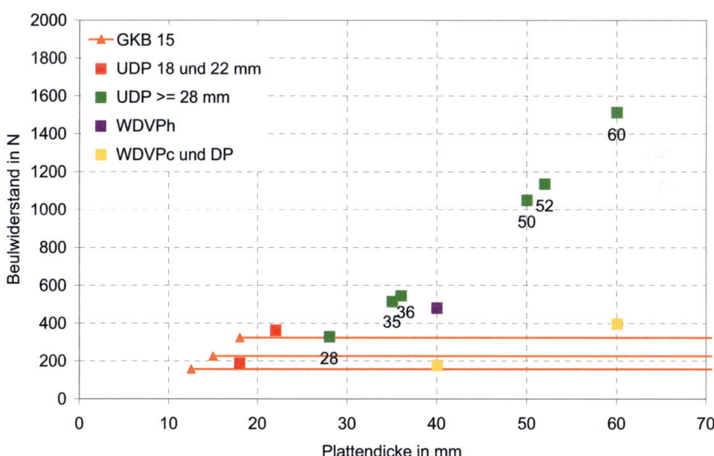

Bild 4-16   Vergleich Beulwiderstand HFDP – GKB

Nach Blaß et al. (2005) kann der Anteil u_G der Schubverformung an der Gesamtverformung des Tafelelementes nach Gleichung (7) berechnet werden:

$$u_G = \frac{F}{G \cdot t} \cdot \frac{h}{\ell} \tag{7}$$

mit

F	Horizontale Einwirkung
G	Schubmodul der Beplankung
t	Dicke der Beplankung
h	Höhe der Wandtafel
ℓ	Länge der Wandtafel

Das Produkt „$G \cdot t$" (in N/mm) kann als materialabhängiger Verformungswiderstand formuliert werden. In Bild 4-17 ist der Vergleich zwischen GKB und HFDP dargestellt. Die UDP mit Plattendicken $t \leq 28$ mm liegen unter dem Wert der GKB mit 12,5 mm Plattendicke. Die UDP mit 35/36 mm Plattendicke, die WDVP und die DP liegen im Bereich der 15 mm und 18 mm GKB, während die WDVP des Herstellers 2 und die dickeren UDP über dem Wert liegen.

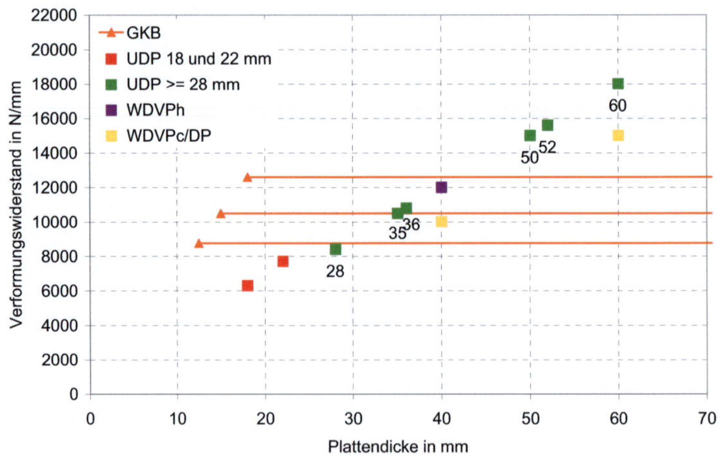

Bild 4-17   Vergleich Verformungswiderstand HFDP – GKB

5 Lochleibungsfestigkeit

5.1 Allgemeines

Die Befestigung von HFDP auf der Holzunterkonstruktion ist mit verschiedenen Verbindungsmitteln möglich. Während in Dachtragwerken häufig Nägel direkt durch die Konterlatte und die HFDP in den Sparren eingebracht werden, werden in Wänden Klammern eingesetzt. Eine weitere Möglichkeit ist eine spezielle Schraube mit Halteteller, die zur Befestigung von WDVP in Wärmedämmverbundsystemen eingesetzt wird. Dabei wird die Schraube mit einem Halteteller in die Platte eingedreht und ermöglicht so die Lastabtragung von rechtwinklig zur Platte angreifenden Lasten. In Bild 5-1 ist eine Auswahl verschiedener Verbindungsmittel zur Befestigung von HFDP auf der Holzunterkonstruktion dargestellt.

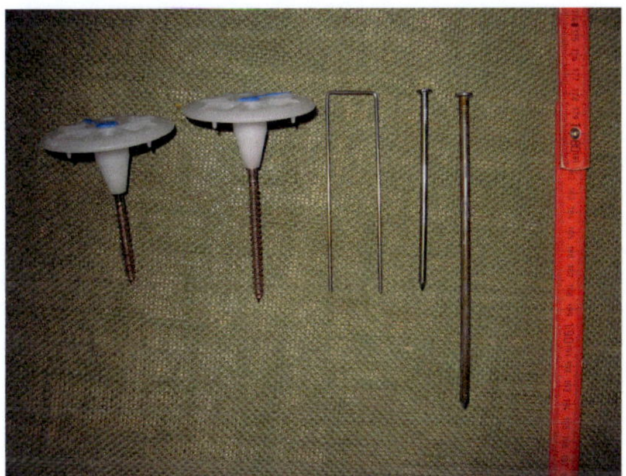

Bild 5-1　　　　Mögliche Verbindungsmittel zur Befestigung von HFDP

Für die Berechnung der Tragfähigkeit von Holz-HFDP-Verbindungen ist die Lochleibungsfestigkeit von HFDP als maßgebender Eingangsparameter notwendig. Neben der Lochleibungsfestigkeit ist die Tragfähigkeit abhängig von der Geometrie der Verbindung (Bauteildicken und Durchmesser des Verbindungsmittels) und vom Fließmoment des Verbindungsmittels. Lochleibungsfestigkeiten für VH und Holzwerkstoffe wurden in der Vergangenheit bestimmt und haben Eingang in unterschiedliche Normen gefunden. In jüngeren Forschungsvorhaben wurden am Lehrstuhl für Ingenieurholzbau und Baukonstruktionen die Lochleibungsfestigkeiten von selbstbohrenden Vollgewindeschrauben in Vollholz (Blaß et al. (2006)) und von stiftförmigen Verbindungsmitteln in Brettsperrholz (Blaß und Uibel (2007)) untersucht. In Tabelle 5-1 sind die Lochleibungsfestigkeiten von Nägeln und Schrauben in Vollholz und unterschiedlichen Holzwerkstoffen nach DIN 1052:2004-08 und neueren Forschungsvorhaben angegeben. Hierbei ist die charakteristische Lochleibungsfestigkeit $f_{h,k}$ abhängig vom Durchmesser d des stiftförmigen Verbindungsmittels und der charakteristischen Rohdichte ρ_k bzw. der Plattendicke t der Holzwerkstoffe. Für selbstbohrende Holzschrauben ist die Lochleibungsfestigkeit zusätzlich vom Winkel ε zwischen der Schraubenachse und der Faserrichtung angegeben.

Tabelle 5-1   Charakteristische Lochleibungsfestigkeiten für Nägel und Schrauben in Vollholz und Holzwerkstoffen

Werkstoff	Lochleibungsfestigkeit
VH/BSH, nicht vorgebohrt	$f_{h,k} = 0{,}082 \cdot \rho_k \cdot d^{-0,3}$
Sperrholz, nicht vorgebohrt	$f_{h,k} = 0{,}11 \cdot \rho_k \cdot d^{-0,3}$
OSB/Spanplatten, n. v.	$f_{h,k} = 65 \cdot d^{-0,7} \cdot t^{0,1}$
Gipskartonplatten	$f_{h,k} = 3{,}9 \cdot d^{-0,6} \cdot t^{0,7}$
Faserplatten (HB)	$f_{h,k} = 30 \cdot d^{-0,3} \cdot t^{0,6}$
Selbstbohrende Schrauben in VH	$f_{h,S,k} = \dfrac{0{,}019 \cdot \rho_k^{1,24} \cdot d^{-0,3}}{2{,}5 \cdot \cos^2 \varepsilon + \sin^2 \varepsilon}$

Schrauben und Nägel in Brettsperrholz
  - Seitenflächen
  - Schmalflächen
	$f_{h,k} = 60 \cdot d^{-0,5}$
	$f_{h,k} = 20 \cdot d^{-0,5}$

5.2   Versuchsdurchführung und Ergebnisse der Vorversuche

Zur Ermittlung der Lochleibungsfestigkeit von stiftförmigen Verbindungsmitteln in HFDP wurden Versuche mit Nägeln in Anlehnung an DIN EN 383:1993 durchgeführt. In Bild 5-2 sind eine Skizze und ein Bild des Versuchsaufbaus dargestellt. Unterhalb des Nagels wird ein Stahlstift fest in dem Versuchskörper verankert. Die Probe wird auf dem Nagel gelagert und zentrisch vertikal belastet. Der Stahlstift verschiebt sich hierbei zusammen mit der Holzwerkstoffprobe relativ zum Nagel. Die Verschiebung wird auf beiden Seiten mit induktiven Wegaufnehmern gemessen und für die Auswertung gemittelt. Die Lochleibungsfestigkeiten werden aus der maximalen Last in Abhängigkeit vom Nenndurchmesser des stiftförmigen Verbindungsmittels und von der Nenndicke der Holzfaserdämmplatte bestimmt.

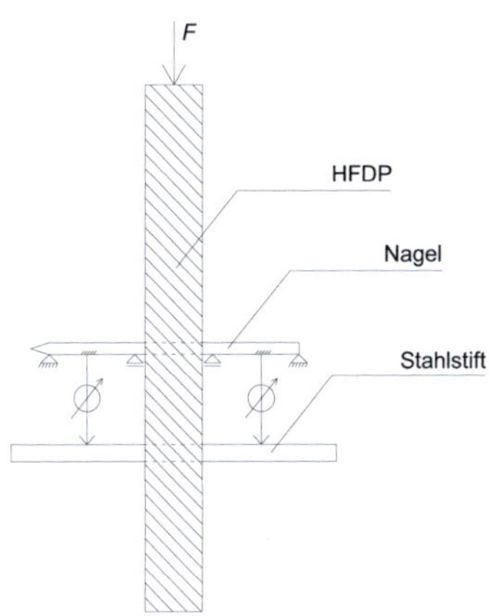

Bild 5-2   Versuchsaufbau und -durchführung

In Vorversuchen wurde die Anwendung des Prüfverfahrens in Anlehnung an DIN EN 383:1993 untersucht und erste Vorwerte ermittelt. In UDP mit einer Dicke von t = 18 mm wurden Nägel mit d = 3,8 mm und in UDP mit einer Dicke t > 18 mm Nägel mit d = 5,0 mm untersucht. Ein Einfluss des Winkels α zwischen Belastungs- und Plattenlängsrichtung konnte nicht festgestellt werden. Die Ergebnisse der Vorversuche sind in Tabelle 5-2 zusammengefasst.

Tabelle 5-2   Mittlere Lochleibungsfestigkeiten aus den Vorversuchen

UDP	1_1a_I	1_1a_I	1_1d_I	1_1d_II	2_a_I	2_d_I	2_d_I	3_a_I	3_d_I
Anzahl	12	12	12	12	12	12	12	12	12
t in mm	18	18	35	36	18	60	60	18	52
d in mm	3,8	3,8	5	5	3,8	5	5	3,8	5
α in °	0	90	0	0	0	0	90	0	0
f_h in N/mm^2	5,62	5,79	4,14	4,42	7,67	5,40	5,36	4,74	4,52

In Tabelle 5-3 ist das Versuchsprogramm zur Ermittlung der charakteristischen Lochleibungsfestigkeit von Nägeln in HFDP zusammengefasst. Je Platte und Dicke wurden mindestens fünf Versuche durchgeführt. Bei HFDP mit größeren Rohdichten und Plattendicken wurde ein Durchbiegen des Verbindungsmittels beobachtet. Diese Versuche wurden für die Auswertung nicht berücksichtigt. Somit konnten insgesamt 608 Versuche ausgewertet werden. Die Ergebnisse der Versuche sind in Tabelle 12-20 bis Tabelle 12-37 als Mittelwerte zusammengefasst.

Tabelle 5-3   Versuchsprogramm zur Ermittlung der Lochleibungsfestigkeit

Plattentyp	Bezeichnung	Dicke in mm	Nageldurchmesser in mm					Summe
			3,1	3,4	3,8	4,6	5,0	
UDP	1_1a	18	5	5	5	5	5	25
	1_1b	22	5	5	5	5	5	25
	1_1c	28	5	5	5	5	5	25
	1_1d	35	5	5	5	5	5	25
	1_2	50	10	10	10	10	10	50
	2_a	18	5	5	5	5	5	25
	2_b	22	5	5	5	5	5	25
	2_c	35	5	5	5	5	5	25
	3_a	18	5	5	5	5	5	25
	3_b	22	5	5	5	5	5	25
	3_c	35	5	5	5	5	5	25
WDVP	1_1	40	10	10	10	10	10	50
	1_2	40	10	10	10	10	10	50
	2	60	10	10	10	10	10	50
	3	40	10	10	10	10	10	50
DP	1	40	8	8	8	8	8	40
	2	40	10	10	10	10	10	50
	3	40	10	10	10	10	10	50
	Σ		128	128	128	128	128	640

5.3 Ergebnisse der Versuche

In Bild 5-3 sind die Werte der Lochleibungsfestigkeit aus den 608 ausgewerteten Versuchen über den ermittelten Rohdichten der HFDP aufgetragen. Der Korrelationskoeffizient beträgt $R = 0{,}880$. In Tabelle 5-4 sind in einer Korrelationsmatrix die Korrelationskoeffizienten zwischen der Lochleibungsfestigkeit und dem Durchmesser des Nagels d, der Rohdichte ρ und der Plattendicke t der HFDP zusammengestellt.

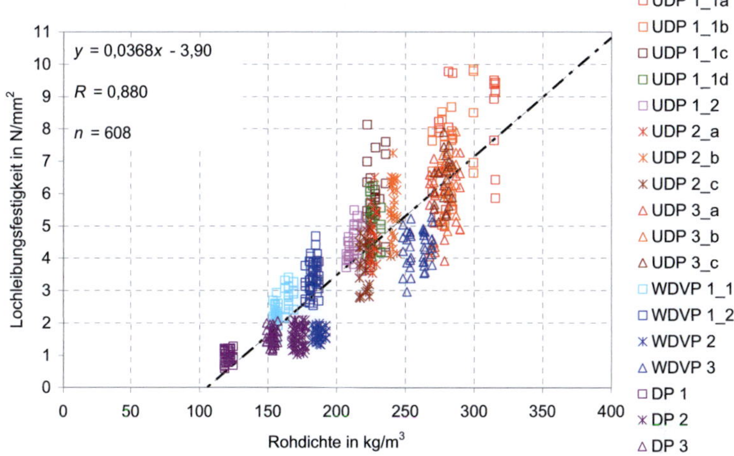

Bild 5-3   Lochleibungsfestigkeit über Rohdichte

Tabelle 5-4   Korrelationsmatrix Lochleibungsfestigkeit

	f_h	d	ρ	t
f_h	1	-0,21	0,88	-0,67
d		1	0,02	0,08
ρ	sym.		1	-0,60
t		sym.	sym.	1

Die Lochleibungsfestigkeit ist mit dem Durchmesser und der Plattendicke negativ und mit der Rohdichte positiv korreliert. Zwischen dem Durchmesser und der Rohdichte sowie der Plattendicke besteht kein Zusammenhang, die Rohdichte ist aber negativ mit der Plattendicke korreliert. Für die Bestimmung einer Gleichung zur Berechnung des Vorhersagewertes der Lochleibungsfestigkeit wird daher mit Hilfe einer multiplen Regressionsanalyse ein Ansatz in Abhängigkeit von der Rohdichte und dem Durchmesser gewählt. Das Ergebnis der multiplen Regressionsanalyse ist in Gleichung (8) angegeben.

$$f_h = 18{,}5 \cdot 10^{-5} \cdot \rho^{2{,}04} \cdot d^{-0{,}74} \text{ in N/mm}^2 \tag{8}$$

mit

ρ Rohdichte der HFDP in kg/m^3

d Durchmesser des Verbindungsmittels in mm

In Bild 5-4 sind die Werte aus den Versuchen den mit Gleichung (8) berechneten Werten gegenübergestellt. Der Korrelationskoeffizient zwischen den Versuchswerten und den Vorhersagewerten beträgt R = 0,916. Die Steigung der Ausgleichsgeraden beträgt m = 1,02 und der y-Achsenabschnitt b = -0,090.

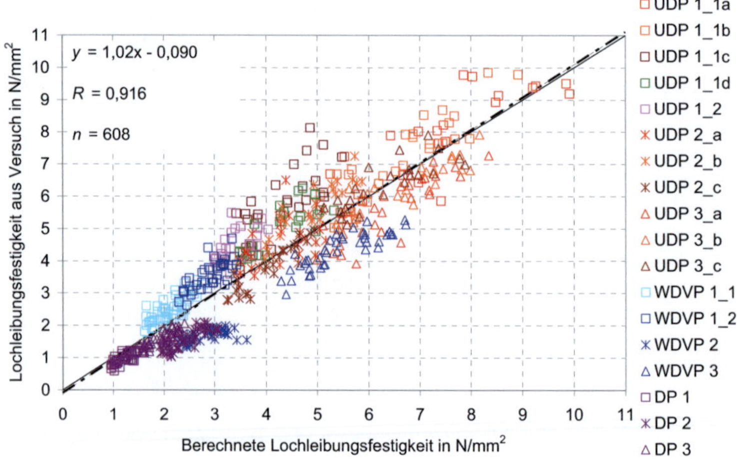

Bild 5-4   Lochleibungsfestigkeit über Vorhersagewerten

Für die Ermittlung charakteristischer Lochleibungsfestigkeiten wurden die unterschiedlichen Plattentypen UDP, WDVP und DP getrennt betrachtet. Die Exponenten in Gleichung (8) wurden gerundet und der Vorfaktor so angepasst, dass für jede Versuchsreihe das 5%-Quantil eingehalten wird. In Gleichung (9) sind die angepassten Gleichungen für die Berechnung der charakteristischen Lochleibungsfestigkeiten für die drei Plattentypen angegeben.

UDP $\qquad f_{h,k} = 22{,}2 \cdot 10^{-5} \cdot \rho_k^{\,2} \cdot d^{-0{,}75}$ in N/mm^2

WDVP $\qquad f_{h,k} = 18{,}9 \cdot 10^{-5} \cdot \rho_k^{\,2} \cdot d^{-0{,}75}$ in N/mm^2 $\hfill$ (9)

DP $\qquad f_{h,k} = 15{,}7 \cdot 10^{-5} \cdot \rho_k^{\,2} \cdot d^{-0{,}75}$ in N/mm^2

mit

$\rho_k \qquad$ Charakteristische Rohdichte in kg/m^3

Durch Einsetzen der vorgeschlagenen charakteristischen Rohdichte kann Gleichung (9) vereinfacht werden:

UDP $\qquad \rho_k = 200$ kg/m$^3 \qquad f_{h,k} = 8{,}88 \cdot d^{-0{,}75}$ in N/mm^2

WDVP $\qquad \rho_k = 150$ kg/m$^3 \qquad f_{h,k} = 4{,}25 \cdot d^{-0{,}75}$ in N/mm^2

DP $\qquad \rho_k = 150$ kg/m$^3 \qquad f_{h,k} = 3{,}53 \cdot d^{-0{,}75}$ in N/mm^2 $\hfill$ (10)

$\qquad\qquad\quad \rho_k = 100$ kg/m$^3 \qquad f_{h,k} = 1{,}57 \cdot d^{-0{,}75}$ in N/mm^2

In Bild 5-5 sind für UDP, in Bild 5-6 für WDVP und in Bild 5-7 für DP die Lochleibungsfestigkeiten aus den Versuchen den mit Gleichung (9) berechneten charakteristischen Lochleibungsfestigkeiten gegenübergestellt.

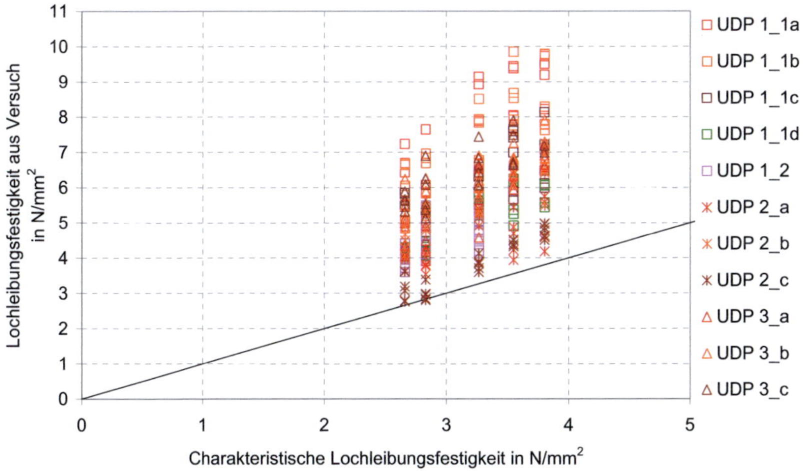

Bild 5-5 $\qquad$ Versuchswerte über charakteristischen Werten für UDP

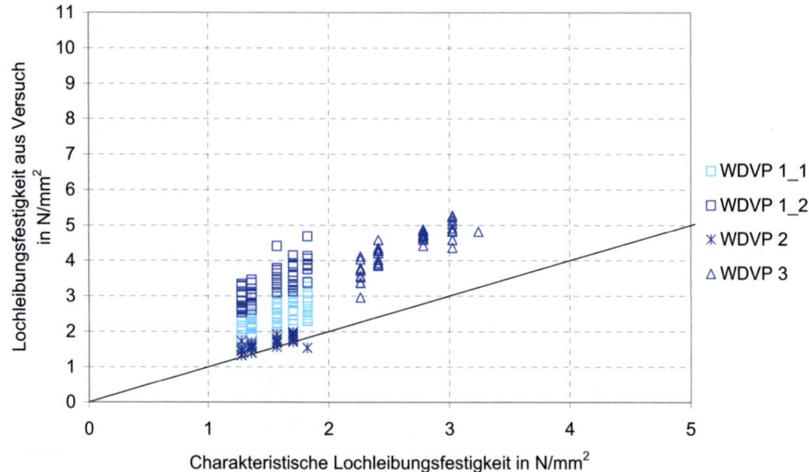

Bild 5-6 Versuchswerte über charakteristischen Werten für WDVP

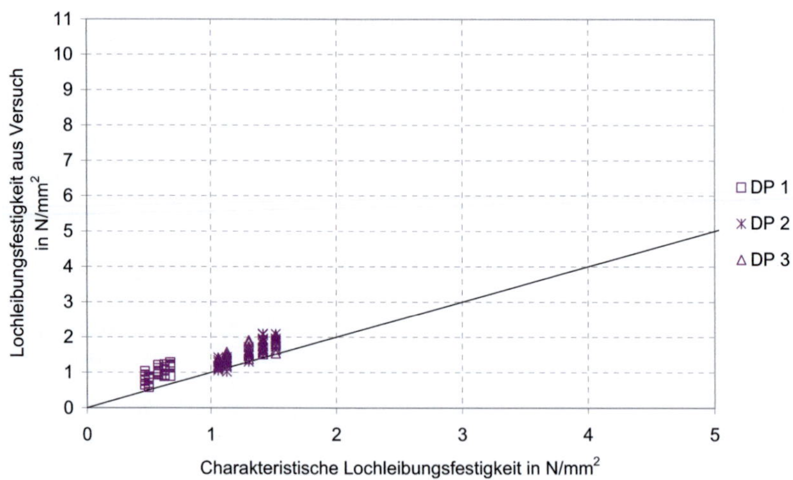

Bild 5-7 Versuchswerte über charakteristischen Werten für DP

6 Kopf- und Rückendurchziehtragfähigkeit

6.1 Allgemeines

Die Tragfähigkeit einer Verbindung auf Abscheren kann nach DIN 1052:2004-08 in Abhängigkeit von den Dicken der verbundenen Bauteile, von den Lochleibungsfestigkeiten und vom Fließmoment des Verbindungsmittels berechnet werden.

Kann das Verbindungsmittel neben der Beanspruchung auf Abscheren auch axial beansprucht werden, darf die Tragfähigkeit der Verbindung in Abhängigkeit vom Verbindungsmittel und von der Tragfähigkeit des Verbindungsmittels in Stiftachse um den Anteil ΔR_k nach Gleichung (11) erhöht werden.

$$\Delta R_k = \min\left\{k_{ax} \cdot R_k ; 0,25 \cdot R_{ax,k}\right\} \tag{11}$$

mit

k_{ax} Koeffizient in Abhängigkeit vom Verbindungsmittel

R_k Tragfähigkeit des Verbindungsmittels auf Abscheren

$R_{ax,k}$ Tragfähigkeit des Verbindungsmittels in Richtung der Stiftachse

Der Koeffizient k_{ax} ist vom Verbindungsmitteltyp abhängig und beträgt für Passbolzen k_{ax} = 0,25, für Nägel der Tragfähigkeitsklasse 3 k_{ax} = 0,5 und für Holzschrauben k_{ax} = 1. Die Tragfähigkeit des Verbindungsmittels in Stiftachse wird durch die Ausziehtragfähigkeit oder die Kopfdurchziehtragfähigkeit begrenzt und kann nach Gleichung (12) berechnet werden.

$$R_{ax,k} = \min\left\{f_{1,k} \cdot d \cdot \ell_{ef} ; f_{2,k} \cdot d_k^{\,2}\right\} \tag{12}$$

mit

$f_{1,k}$ charakteristischer Wert des Ausziehparameters

$f_{2,k}$ charakteristischer Wert des Kopfdurchziehparameters

d Nenndurchmesser des Verbindungsmittels

d_k Kopfdurchmesser des Verbindungsmittels

ℓ_{ef} Wirksame Länge im Bauteil mit der Spitze

Die Ausziehtragfähigkeit von Klammern darf entsprechend der Ausziehtragfähigkeit von Sondernägeln der Tragfähigkeitsklasse 2 angenommen werden. Da nur für Nägel der Tragfähigkeitsklasse 3 eine Erhöhung der Tragfähigkeit vorgenommen werden darf, dürfte die Tragfähigkeit von Verbindungen mit Breitrückenklammern nicht erhöht werden. In Vorversuchen wurde jedoch beobachtet, dass die Tragfähigkeit von Holz-HFDP-Verbindungen unterschätzt wird, wenn ausschließlich die Tragfähigkeit auf Abscheren zur Berechnung der Vorhersagewerte der Tragfähigkeit herangezogen wird. Daher wurde in weiteren Grundlagenversuchen die Rückendurchziehtragfähigkeit von Breitrückenklammern bestimmt.

6.2 Versuche mit Breitrückenklammern

Für die Ermittlung der Rückendurchziehtragfähigkeiten von Breitrückenklammern wurden 102 Versuche durchgeführt. Das Versuchsprogramm ist in Tabelle 6-1 zusammengestellt. Je Charge wurden zwei Versuche und mindestens vier Versuche je HFDP durchgeführt. Neben Unterdeckplatten wurden auch Wärmedämmverbundplatten berücksichtigt. Die Durchführung der Versuche erfolgte in Anlehnung an DIN EN 1383:2000. Die Abmessungen der Versuchskörper und die Abmessungen der Versuchseinrichtung sind in Bild 6-1 dargestellt. In Bild 6-2 ist ein Versuchskörper während des Versuchs zu sehen.

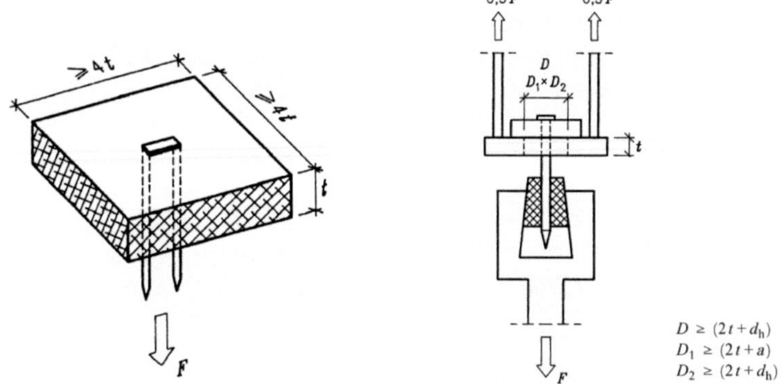

Bild 6-1   Versuchskörper und Versuchsdurchführung nach DIN EN 1383:2000

Bild 6-2   Versuchseinrichtung für die Durchführung von Rückendurchziehver-
                  suchen

Tabelle 6-1   Versuchsprogramm für die Ermittlung der Rückendurchziehwider-
                  stände von Breitrückenklammern in HFDP

HFDP	Plattendicke in mm	Chargen	Versuche/Charge	Versuche
UDP 1_1a_I	18	1	4	4
UDP 1_1a	18	3	2	6
UDP 1_1b	22	3	2	6
UDP 1_1d_I	35	1	4	4
UDP 1_1d	35	3	2	6
UDP 1_1d_II	36	1	4	4
UDP 2_a_I	18	1	4	4
UDP 2_a	18	3	2	6
UDP 2_b	22	3	2	6
UDP 2_c	35	3	2	6
UDP 2_d_I	60	1	4	4
UDP 3_a_I	18	1	4	4
UDP 3_a	18	3	2	6
UDP 3_b	22	3	2	6
UDP 3_c	35	3	2	6
UDP 3_d_I	52	1	4	4
WDVP 1_2	40	4	2	8
WDVP 2	60	3	2	6
WDVP 3	40	3	2	6
				102

Die Ergebnisse der Versuche sind in Tabelle 6-2 zusammengestellt. Die Einzelwerte sind in Tabelle 12-38 bis Tabelle 12-56 angegeben. Für die Versuchsreihen sind der Mittelwert, das Minimum, das Maximum, die Standardabweichung und der Variationskoeffizient angegeben. Weiterhin ist die Verschiebung bei Erreichen der Maximallast angegeben. Das typische Versagensbild ist in Bild 6-3 zu sehen.

Tabelle 6-2   Versuchsergebnisse der Rückendurchziehversuche

HFDP	t in mm	Anzahl	F_{max} in N					$v\,(F_{max})$ in mm
			Mittelwert	Minimum	Maximum	Standardabweichung	Variationskoeffizient in %	Mittelwert
UDP								
1_1a	18	6	557	513	627	40	7,23	8,97
1_1a_l	18	4	301	284	330	21	7,01	11,3
1_1b	22	6	628	589	693	47	7,40	11,1
1_1d	35	6	910	845	1003	52	5,77	21,9
1_1d_l	35	4	855	755	930	79	9,21	20,2
1_1d_l	36	4	879	861	903	20	2,32	15,9
2_1a	18	6	276	243	313	30	10,9	10,6
2_1a_l	18	4	551	523	575	23	4,19	9,14
2_b	22	6	523	490	564	32	6,06	10,6
2_c	35	5	627	600	667	30	4,83	19,3
2_d_l	60	4	2327	2258	2407	62	2,66	32,9
3_a	18	6	314	285	348	23	7,44	6,32
3_a_l	18	4	299	268	329	25	8,33	8,45
3_b	22	6	435	320	526	67	15,4	9,25
3_c	35	6	858	779	918	51	5,89	14,0
3_d_l	52	4	1381	1277	1472	89	6,44	24,2
WDVP								
1_2	40	8	755	662	859	70	9,25	26,1
2	60	6	641	564	750	67	10,5	27,1
3	40	6	707	677	750	27	3,78	15,2
		101						

 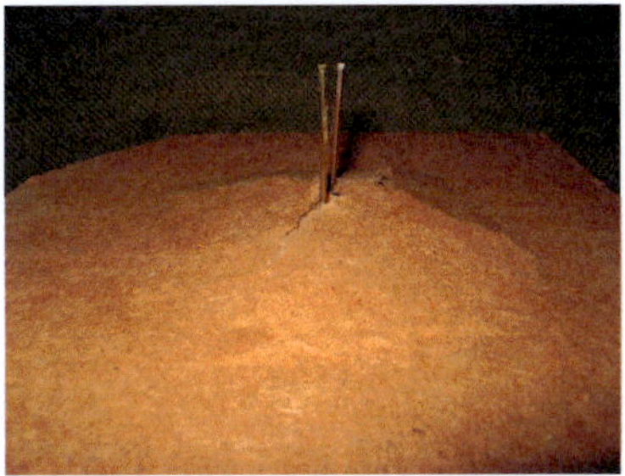

Bild 6-3   Typisches Versagensbild der Rückendurchziehversuche

In Bild 6-4 sind die Werte der Verschiebung bei Maximallast über der Plattendicke aufgetragen. Der Korrelationskoeffizient liegt bei $R = 0{,}893$. Der y-Achsenabschnitt der Ausgleichsgeraden beträgt $b = 0{,}115$ und die Steigung der Augleichsgeraden $m = 0{,}500$. Die Maximallast wird im Mittel bei einer Verschiebung erreicht, die der halben Plattendicke entspricht.

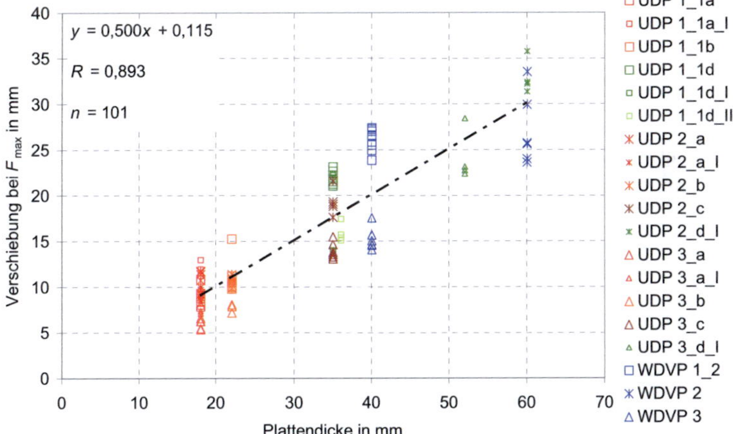

Bild 6-4   Verschiebung bei Erreichen der Maximallast über Plattendicke

Mit Hilfe einer multiplen Regressionsanalyse wurde unter Ausschluss der Ergebnisse der vier Versuche mit UDP 2_d_I Gleichung (13) in Abhängigkeit von der Plattendicke und der Rohdichte zur Bestimmung von Vorhersagewerten der Rückendurchziehtragfähigkeit hergeleitet.

$$R_{ax,2} = 0,040 \cdot \rho^{1,17} \cdot t^{0,95} \text{ in N} \tag{13}$$

mit

ρ Rohdichte der HFDP in kg/m^3

t Plattendicke der HFDP in mm

Die mit Gleichung (13) berechneten Werte sind in Bild 6-5 den Versuchsergebnissen gegenübergestellt. Der Korrelationskoeffizient beträgt R = 0,814. Die Steigung der Ausgleichsgeraden beträgt m = 1,01 und der y-Achsenabschnitt b = -0,01. Die ausgeschlossenen Werte der Platte UDP 2_d_I liegen auf der sicheren Seite und werden somit durch Gleichung (13) unterschätzt. Für die Ermittlung einer Gleichung für HFDP mit größeren Plattendicken (> 60 mm) und gleichzeitig hohen Rohdichten (> 240 kg/m^3) sind weitere Versuche notwendig. Für die Bemessung können allerdings auf der sicheren Seite liegend Rückendurchziehtragfähigkeiten ermittelt werden.

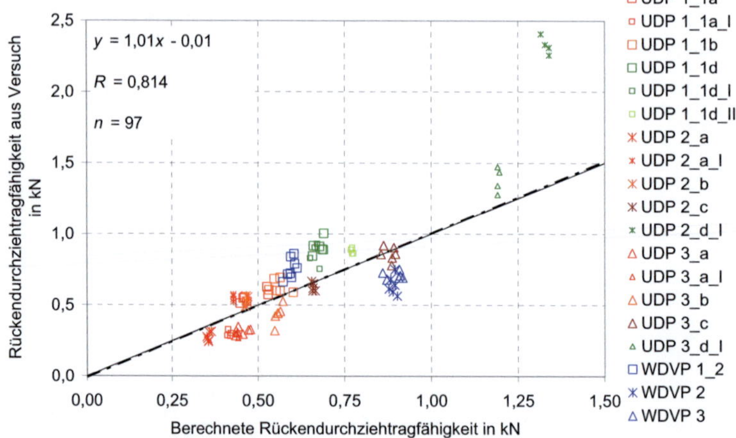

Bild 6-5   Versuchsergebnisse über Vorhersagewerten

Durch eine Anpassung des Vorfaktors wurde Gleichung (14) zur Bestimmung charakteristischer Rückendurchziehtragfähigkeiten hergeleitet. Hierfür wurden die vorgeschlagenen charakteristischen Rohdichten verwendet. In Bild 6-6 sind die Versuchsergebnisse den mit Gleichung (14) berechneten Werte gegenübergestellt.

$$R_{ax,2,k} = 0,032 \cdot \rho_k^{1,17} \cdot t^{0,95} \text{ in N} \tag{14}$$

mit

ρ_k Charakteristische Rohdichte der HFDP in kg/m^3

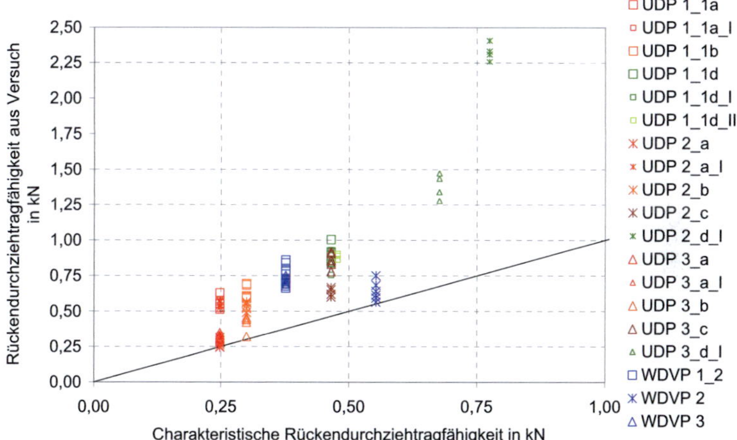

Bild 6-6   Versuchsergebnisse über charakteristischen Tragfähigkeiten

6.3 Versuche mit speziellen Schrauben

Mit einer speziellen Schraube (s. Bild 5-1) wurden weitere Kopfdurchziehversuche durchgeführt. Der Lochdurchmesser D der Versuchseinrichtung ist nach DIN EN 1383:2000 in Abhängigkeit von der Plattendicke und vom Kopfdurchmesser des Verbindungsmittels festzulegen. In Testversuchen wurden Versuche mit Lochdurchmessern zwischen D = 20 mm und D = 2·t + d_h (Annahme eines starren Kunststofftellers) durchgeführt. Hierdurch sollten verschiedene Versagensmechanismen untersucht werden. Als HFDP wurden die UDP 1_1d_I mit t = 35 mm und 2_d_I mit t = 60 mm ausgewählt. Damit wurde der Lochdurchmesser für t = 35 mm zwischen D = 20 mm und D = 130 mm variiert. Für eine Schraube ohne Kunststoffteller würde der Lochdurchmesser D = 80 mm betragen sowie für einen starren Kunststoffteller D = 130 mm. Je Lochdurchmesser wurde ein Versuch durchgeführt. In Tabelle 6-3 sind die Ergebnisse der Versuche mit der UDP 1_1d_I zusammengestellt. In Bild 6-7 sind die Kraft-Weg-Diagramme der sechs durchgeführten Versuche dargestellt. Zu erkennen ist die Abnahme der Tragfähigkeit mit zunehmendem Durchmesser.

Tabelle 6-3   Ergebnisse Testversuche mit speziellen Schrauben und UDP mit t = 35 mm

	D	F_{max}	$v\,(F_{max})$
	in mm	in kN	in mm
1	20	3,09	29,8
2	40	2,94	38,2
3	60	1,94	39,1
4	80	1,39	25,6
5	100	1,66	40,7
6	130	1,13	22,6

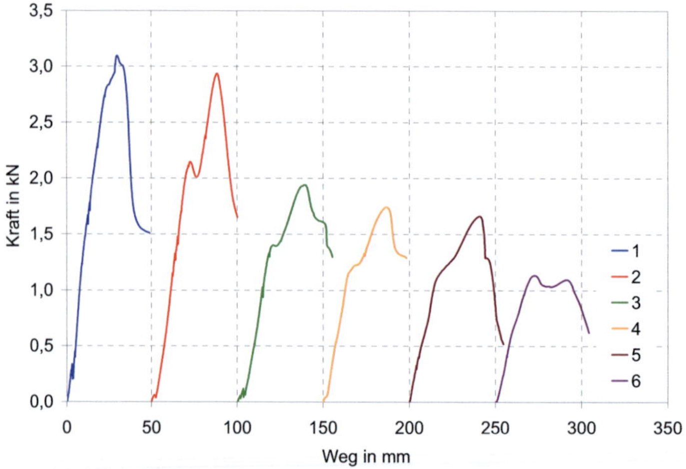

Bild 6-7   Kraft-Weg-Diagramme der Testversuche mit speziellen Schrauben in der UDP 1_1d_l (t = 35 mm)

In Bild 6-8 und Bild 6-9 ist die Entwicklung des Versagensmechanismus mit steigendem Lochdurchmesser dargestellt. Während der Versagensmechanismus im Versuch 1 durch ein Durchziehen der Schraube durch den Kunststoffteller charakterisiert ist, kam es in den weiteren fünf Versuchen zu einem zunehmenden Einziehen und Versagen des Kunststofftellers. Die Ergebnisse mit einem Lochdurchmesser D = 130 mm liefern konservative Werte. Für die weiteren Versuche wurde auf der sicheren Seite liegend ein Lochdurchmesser von D = 130 mm gewählt.

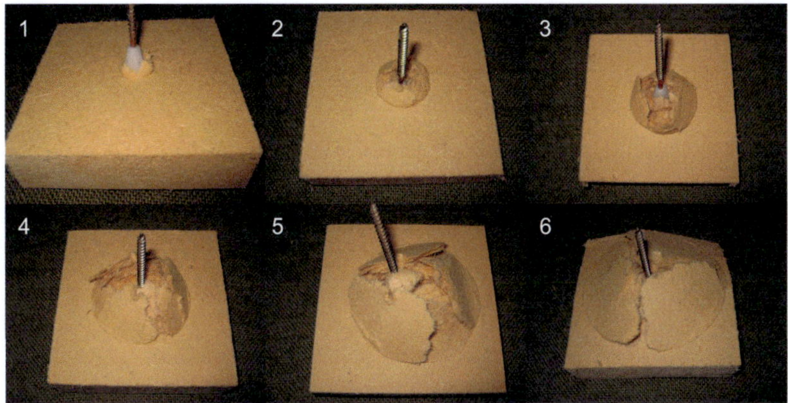

Bild 6-8   Versagensbilder der sechs durchgeführten Versuche – Entwicklung des Ausbruchkegels mit steigendem Lochdurchmesser

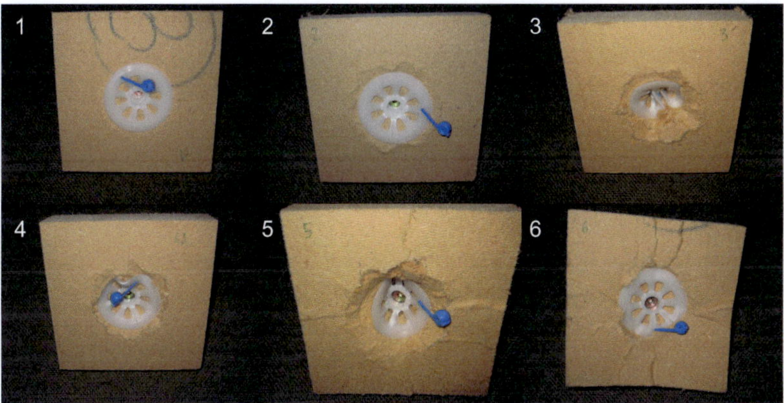

Bild 6-9   Versagensbilder der sechs durchgeführten Versuche – Einziehen und Versagen des Kunststofftellers

Die Versuchsergebnisse der Versuche der UDP 2_d_I sind in Tabelle 6-4 zusammengefasst. Während der Versagensmechanismus der ersten vier Versuche durch ein Durchziehen der Schraube durch den Kunststoffteller gekennzeichnet ist, wurde in den Versuche 5 bis 7 der Kunststoffteller in die HFDP eingezogen. In Bild 6-10 sind die Kraft-Weg-Diagramme der Versuche dargestellt. In Bild 6-11 ist das typische Versagen des Kunststofftellers zu erkennen.

Tabelle 6-4   Testversuche mit speziellen Schrauben und UDP mit t = 60 mm

	D in mm	F_{max} in kN	$v\,(F_{max})$ in mm
1	20	3,63	35,1
2	40	4,12	41,5
3	60	3,09	26,2
4	80	3,08	21,9
5	100	3,32	23,9
6	130	3,49	26,5
7	180	3,67	25,5

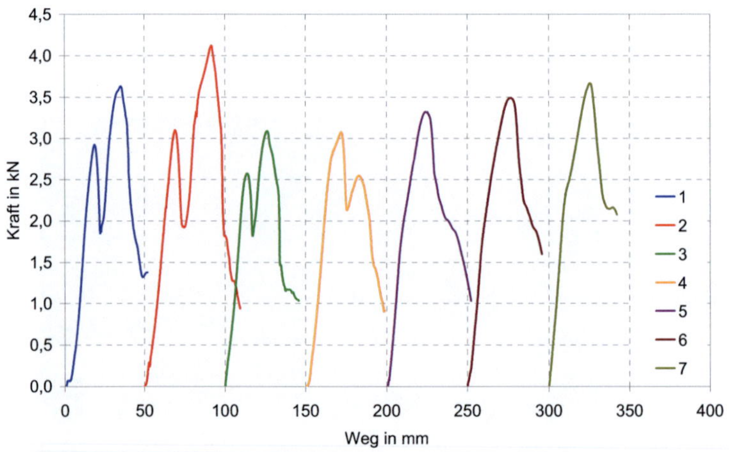

Bild 6-10   Kraft-Weg-Diagramme der Testversuche mit speziellen Schrauben in der UDP 2_d_l (t = 60 mm)

Bild 6-11   Typisches Versagen der speziellen Schraube – Durchziehen der Schraube durch den Kunststoffteller

Zur Ermittlung der Kopfdurchziehparameter der speziellen Schraube wurden mit vier UDP jeweils vier Versuche durchgeführt. Der Lochdurchmesser wurde hierfür auf der sicheren Seite liegend zu $D = 2 \cdot t + d_h$ gewählt. Um beim Eindrehen der Schraube ein Einziehen des Kunststofftellers in die HFDP zu erreichen, wurden unter den HFDP-Proben Holzstücke angeordnet. In Bild 6-12 ist ein Versuchskörper mit Holzstück nach dem Versuch dargestellt. Die Ergebnisse der 16 Versuche sind in Tabelle 12-57 bis Tabelle 12-60 zusammengestellt. In Bild 6-13 sind für die 16 Versuche die Maximallasten über der Dicke der HFDP aufgetragen. Der Korrelationskoeffizient beträgt $R = 0{,}913$. Für eine multiple Regressionsanalyse unter Berücksichtigung der Rohdichte und Dicke der HFDP wird aufgrund des geringen Versuchsumfangs verzichtet. Hierfür sind weitere Versuche durchzuführen.

Bild 6-12 Anordnung einer Holzprobe für ein realitätsnahes Einziehen des Kunststofftellers in die HFDP

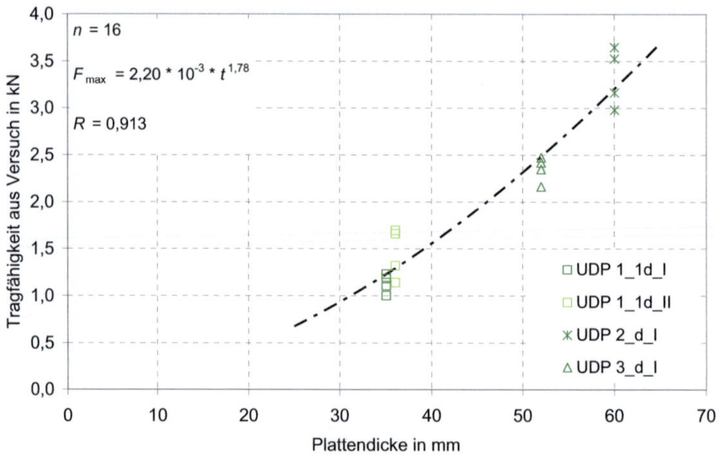

Bild 6-13 Kopfdurchziehtragfähigkeit über Dicke der HFDP

7 Tragfähigkeit und Steifigkeit von Holz-HFDP-Verbindungen

7.1 Berechnung der Tragfähigkeit

Das Erreichen der Tragfähigkeit der Verbindung zwischen der Rippe und der Beplankung ist ein möglicher Versagensmechanismus einer Holztafel. Aufbauend auf den Grundlagenversuchen zur Ermittlung der Lochleibungsfestigkeit und der Kopf- bzw. Rückendurchziehtragfähigkeit wurden zur Verifizierung der Ergebnisse sowie zur Ermittlung von Verschiebungsmoduln Druck- und Zugscherversuche mit Holz-HFDP-Verbindungen durchgeführt. Als Verbindungsmittel wurden Schrauben (d = 3,8 mm), Nägel (d = 3,8 mm und d = 4,6 mm), Klammern (d = 2 mm, b_r = 12 mm) und Breitrückenklammern (d = 2 mm, b_r = 27 mm) verwendet. Während bei der Befestigung von HFDP auf der Holzunterkonstruktion Breitrückenklammern und Schrauben mit Haltetellern direkt in die HFDP eingebracht werden, werden Nägel und Klammern durch eine Konterlatte eingebracht.

Die Tragfähigkeit der Holz-HFDP-Verbindung kann im Allgemeinen nach DIN 1052:2004-08 berechnet werden. Die Gesamttragfähigkeit setzt sich aus der Tragfähigkeit auf Abscheren und einem Erhöhungsanteil in Abhängigkeit von der axialen Tragfähigkeit zusammen. Die Tragfähigkeit auf Abscheren kann für eine einschnittige Holz-Holzwerkstoff-Verbindung nach den Gleichungen G.1 bis G.6 in Abhängigkeit von der Geometrie der Verbindung (Dicken der verbundenen Bauteile und Durchmesser des Verbindungsmittels), vom Fließmoment des Verbindungsmittels und von den Lochleibungsfestigkeiten der verbundenen Bauteile berechnet werden. Die Berechnung der Tragfähigkeit einer Verbindung mit einer Klammer, einem Nagel oder einer Schraube durch eine Konterlatte erfordert eine Erweiterung der vorhandenen Gleichungen.

Die möglichen Versagensmechanismen einer Verbindung unter Berücksichtigung der Konterlatte sind in Bild 7-1 dargestellt. In den Versagensmechanismen 1, 2, 4 und 6 wird die Konterlatte nicht beansprucht. Für diese Fälle kann die Tragfähigkeit nach den Gleichungen G.1, G.2, G.4 und G.6 nach Anhang G, DIN 1052:2004-08 berechnet werden. In den Versagensmechanismen 3 und 5 wird durch das Schrägstellen des Verbindungsmittels die Lochleibungsfestigkeit in der Konterlatte erreicht. Für die Berechnung der Tragfähigkeit dieser Versagensmechanismen müssen die Gleichungen G.3 und G.5 erweitert werden. Für die Herleitung der Tragfähigkeit werden die Dicke der Konterlatte und die Lochleibungsfestigkeit der Konterlatte eingeführt. Damit können das Kräfte- und das Momentengleichgewicht aufgestellt und die Tragfähigkeit hergeleitet werden. Die Ergebnisse sind in Gleichung (15) für die Erweiterung der Gleichung G.3 und in Gleichung (16) für die Erweiterung der Gleichung G.5 angegeben.

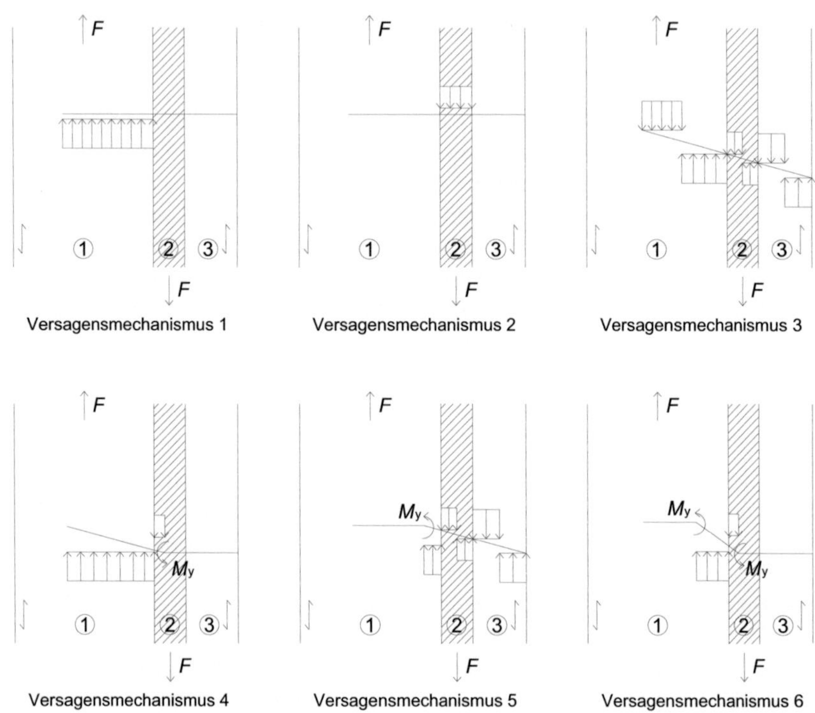

Bild 7-1　　　　Mögliche Versagensmechanismen bei Anordnung einer Konterlatte

$$R = \frac{f_{h,1} \cdot t_1 \cdot d}{1 + \beta_2}\left[\sqrt{\beta_2 + 2\beta_2^2\left[1 + \left(\frac{t_2}{t_1}\right) + \left(\frac{t_2}{t_1}\right)^2\right] + \beta_2^3\left(\frac{t_2}{t_1}\right) + \beta_2 \cdot \beta_3\left(\beta_2 + 1\right)\left(\frac{t_3}{t_1}\right)^2} - \beta_2\left(1 + \frac{t_2}{t_1}\right)\right] \quad (15)$$

mit

$$\beta_2 = \frac{f_{h,2}}{f_{h,1}} \quad \beta_3 = \frac{f_{h,3}}{f_{h,1}}$$

$f_{h,3}$　　　　Lochleibungsfestigkeit der Konterlatte

t_3　　　　Dicke der Konterlatte

$$R = \frac{f_{h,1} \cdot t_1 \cdot d}{2 + \beta_2}\left[\sqrt{2\beta_2(1+\beta_2) + \frac{4\beta_2(2+\beta_2)M_y}{f_{h,1} \cdot d \cdot t_1^2} + \beta_2 \cdot \beta_3(\beta_2 + 2)\left(\frac{t_3}{t_1}\right)^2} - \beta_2\right] \qquad (16)$$

7.2 Vorversuche mit Breitrückenklammern

Für die Untersuchung der Anwendbarkeit der Prüfverfahren wurden in 11 Versuchsreihen 132 Vorversuche mit Breitrückenklammern durchgeführt. Für Testversuche wurden Versuchskörper nach DIN EN 1381:2000 hergestellt. Je Scherfuge wurden vier Klammern angeordnet und die Versuchskörper in Druckscherversuchen geprüft. Der Winkel α_{crn} zwischen Klammerrücken und Holzfaser wurde in zwei Versuchsreihen zwischen 0°, 45° und 90° variiert. Ein Testversuchskörper mit $\alpha_{crn} = 0$° ist in Bild 7-2 dargestellt. Versuchskörper mit vier Klammern je Scherfuge versagten bei der Prüfung infolge Erreichens der Druckfestigkeit der HFDP. Auch bei einer Verbindung mit zwei Klammern je Scherfuge und bei einer zweischnittigen Verbindung mit Anordnung der HFDP in der Mitte des Versuchskörpers und nur einer Klammer je Scherfuge wurde die Druckfestigkeit der HFDP erreicht. Das Versagensbild Erreichen der Druckfestigkeit ist in Bild 7-2 dargestellt. Somit wurden alle weiteren Versuche mit einer Klammer je Scherfuge durchgeführt.

Alle Versuche wurden in Anlehnung an DIN EN 26891:1991 bis zum Versagen oder dem Erreichen einer Relativverschiebung von 15 mm durchgeführt. Die Relativverschiebungen wurden mit induktiven Wegaufnehmern gemessen und für die Auswertung gemittelt. Die Höchstlasten wurden in Bezug auf eine Rohdichte von $\rho = 400$ kg/m³ korrigiert. Die Verschiebungsmoduln wurden in Bezug auf den charakteristischen Wert der ermittelten Tragfähigkeit ausgewertet. Hierdurch erfolgte die Auswertung der Verschiebungsmoduln im linear-elastischen Bereich. Als charakteristischer Wert wurde für alle Versuchsreihen $R_k = 500$ N vorgeschlagen. Die Ergebnisse sind in Tabelle 7-1 zusammengestellt. Für $\alpha_{crn} = 45$° und $\alpha_{crn} = 0$° wurden etwa gleich große Tragfähigkeiten ermittelt, die Tragfähigkeiten mit $\alpha_{crn} = 90$° sind geringer. Die jeweils größeren Verschiebungsmoduln wurden für $\alpha_{crn} = 45$° erreicht.

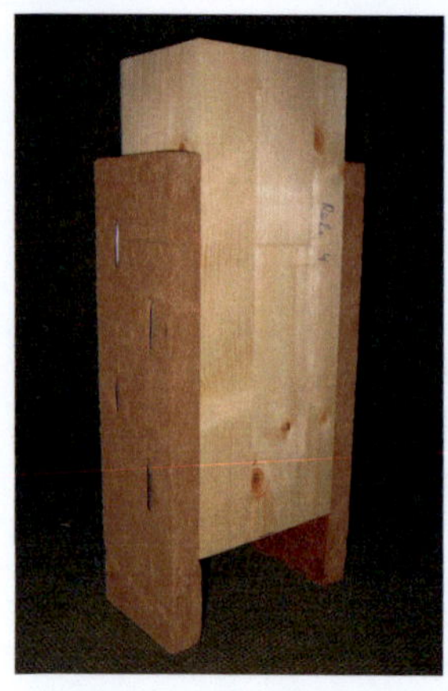

Bild 7-2   Druckscherkörper mit Breitrückenklammern nach DIN EN 1381:2000; Erreichen der Druckfestigkeit der Holzfaserdämmplatte

Tabelle 7-1   Ergebnisse der Vorversuche mit Breitrückenklammern in UDP

UDP	Plattendicke in mm	α_{crn} in °	Anzahl	$F_{max,cor,mean}$ in N	$k_{s,mean}$ in N/mm	$\rho_{UDP,mean}$ in kg/m³	$\rho_{VH,mean}$ in kg/m³
1_1a_I	18	45	12	669	491	260	449
		0	12	677	233		439
		90	12	590	391		485
2_a_I	18	45	12	815	487	265	410
3_a_I	18	45	12	650	302	274	411
1_1d_I	35	45	12	652	405	227	391
1_1d_II	36	45	12	758	1328	249	392
2_d_I	60	45	12	823	1458	263	479
		0	12	821	1181		468
		90	12	726	602		505
3_d_I	52	45	12	666	299	267	396

7.3 Versuche mit Schrauben

Die Tragfähigkeit von Schrauben in Holz-HFDP-Verbindungen wurde in drei Versuchsserien mit jeweils vier Versuchsreihen ermittelt. Insgesamt wurden 95 Druckscherversuche durchgeführt. Der Aufbau der Versuchskörper ist in Bild 7-3 dargestellt.

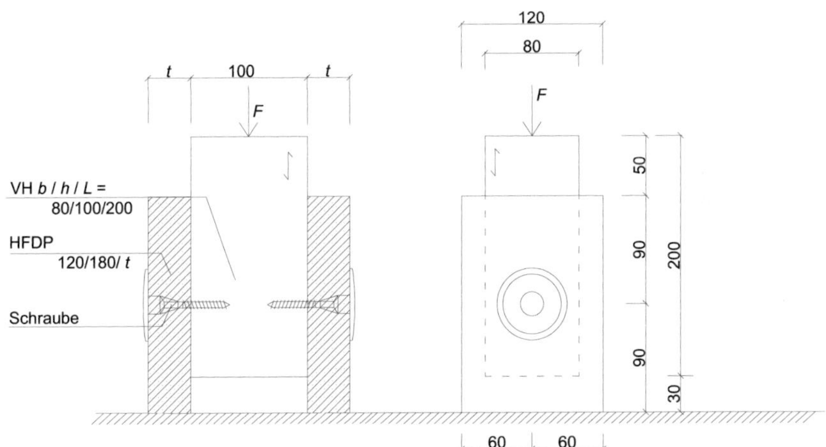

Bild 7-3   Versuchskörper der Druckscherversuche mit Schrauben

In der ersten Versuchsserie wurde die spezielle Schraube mit Kunststoffteller verwendet, die in den Kopfdurchziehversuchen untersucht wurde. Die Schraubenlänge betrug 80 mm für die beiden ersten Versuchsreihen und 100 mm für die beiden weiteren Versuchsreihen. In den Versuchen wurde die Biegetragfähigkeit der Schraube erreicht. In Bild 7-5 ist ein geöffneter Versuchskörper mit der im Bereich des Fließgelenks gebrochenen Schraube dargestellt. Die Ergebnisse sind in Tabelle 12-68 bis Tabelle 12-71 zusammengestellt.

In der zweiten Versuchsserie wurden zwei Schrauben ohne Kunststoffteller untersucht (Würth ASSY II 6 x 80 mm und Würth ASSY VG 6 x 100 mm). Hierbei wurde ein duktiles Versagen der Verbindung mit Ausbildung eines Fließgelenkes entsprechend Versagensmechanismus 5 erreicht. In Bild 7-6 und Bild 7-7 sind zwei geöffnete Versuchskörper der Versuchsserie 2 dargestellt. Zu erkennen ist der Versagensmechanismus 5 mit der Ausbildung eines Fließgelenkes und dem Erreichen der Lochleibungsfestigkeiten in der UDP und im Vollholz. Die Tragfähigkeiten lagen aufgrund der geringeren Kopfdurchziehtragfähigkeiten unter den Werten aus Versuchsserie 1. Die Ergebnisse sind in Tabelle 12-72 bis Tabelle 12-75 zusammengestellt.

In der dritten Versuchsserie wurde die Schraube Würth ASSY II 6 x 80 mm aus Versuchsserie 2 mit Kunststofftellern der speziellen Schraube kombiniert. Hiermit konnte die Kopfdurchziehtragfähigkeit und damit die Tragfähigkeit der Verbindung gesteigert und gleichzeitig ein duktiles Versagensverhalten erreicht werden. Die Ergebnisse sind in Tabelle 12-76 bis Tabelle 12-79 zusammengestellt.

Die Höchstlasten wurden in Bezug auf eine Rohdichte von $\rho = 400$ kg/m^3 korrigiert. Die Verschiebungsmoduln wurden in Anlehnung an DIN EN 26891:1991 und für eine konstante Anfangsverschiebung von $v = 0,3$ mm ausgewertet. Die nach den beiden Möglichkeiten ausgewerteten Verschiebungsmoduln sind für die drei Versuchsserien in Bild 7-4 dargestellt. Für die Auswertung in Anlehnung an DIN EN 26891:1991 ist eine hohe Streuung der Verschiebungsmoduln zwischen 200 N/mm und 8000 N/mm sowie eine Korrelation zwischen dem Verschiebungsmodul und der zugehörigen Anfangsverschiebung zu erkennen. Dies ist mit dem schon unter 40% der Schätz- bzw. Maximallasten beginnenden plastischen Verhalten zu begründen. Hierdurch liegt die Auswertung der Versuche teils im linearen Bereich, teils im plastischen Bereich. Eine Auswertung im plastischen Bereich bei größeren Verschiebungen führt zu entsprechend kleinen Verschiebungsmoduln, während im linearen Bereich größere Verschiebungsmoduln ermittelt werden. Bei Betrachtung der Last-Verschiebungskurven einer Versuchsreihe nimmt die Streuung unter den Versuchen mit zunehmender Verschiebung zu. Folglich muss also die Streuung in den Maximallasten über der Streuung der Verschiebungsmoduln liegen. Durch die Auswertung für eine konstante Anfangsverschiebung kann die Streuung der Verschiebungsmoduln innerhalb einer Versuchsserie reduziert werden. Die Auswertung der Verschiebungsmoduln erfolgt hierbei im annähernd linear-elastischen Bereich. Die mittleren Ergebnisse der Versuche sind in Tabelle 7-2 zusammengefasst.

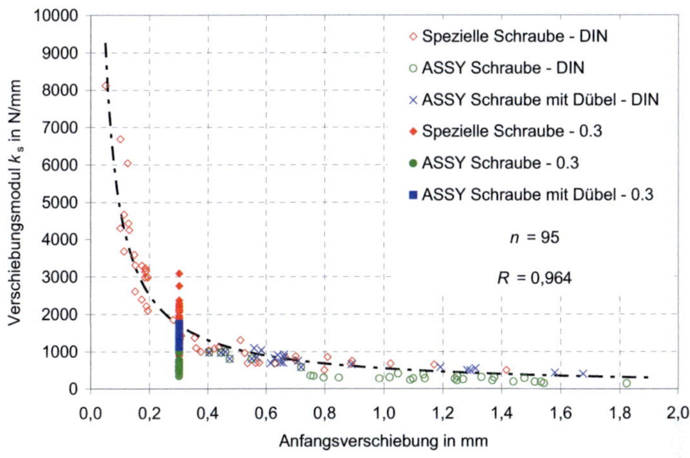

Bild 7-4 Verschiebungsmoduln über Anfangsverschiebung für Schrauben; Auswertung nach DIN EN 26891:1991 und nach konstanter Anfangsverschiebung

Tabelle 7-2 Mittlere Ergebnisse der Versuche mit Schrauben in UDP

VM	UDP	Plattendicke in mm	n	$F_{max,cor,mean}$ in kN	$k_{s,mean}$ in kN/mm	$k_{s,0.3,mean}$ in kN/mm	$\rho_{UDP,mean}$ in kg/m^3	$\rho_{VH,mean}$ in kg/m^3
Schraube mit Halteteller	1_1d_I	35	11	1,38	3,76	2,27	230	498
	1_1d_II	36	12	1,26	3,48	1,77	251	452
	2_d_I	60	12	1,68	0,833	1,55	268	487
	3_d_I	52	12	1,15	0,999	1,19	269	474
ASSY Schraube	1_1d_I	35	6	0,767	0,305	0,519	230	433
	1_1d_II	36	6	0,982	0,252	0,575	252	407
	2_d_I	60	6	1,32	0,347	0,770	268	426
	3_d_I	52	6	0,902	0,212	0,484	269	422
ASSY Schraube mit Halteteller	1_1d_I	35	6	1,32	0,861	1,18	227	419
	1_1d_II	36	6	1,84	0,913	1,50	249	421
	2_d_I	60	6	2,15	0,497	1,49	262	419
	3_d_I	52	6	1,52	0,755	1,26	269	417

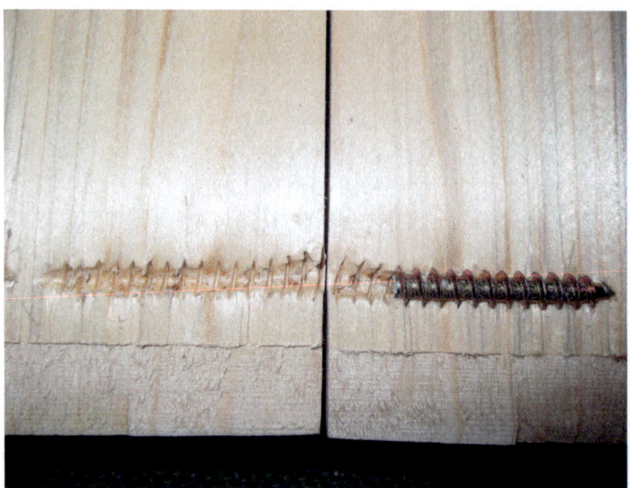

Bild 7-5   Geöffneter Druckscherkörper einer Holz-HFDP-Verbindung mit einer
                  speziellen Schraube und UDP 3_d_I

Bild 7-6   Geöffneter Druckscherkörper einer Holz-HFDP-Verbindung mit einer
                  Schraube (Würth ASSY II 6 x 80 mm) und UDP 1_1d_I

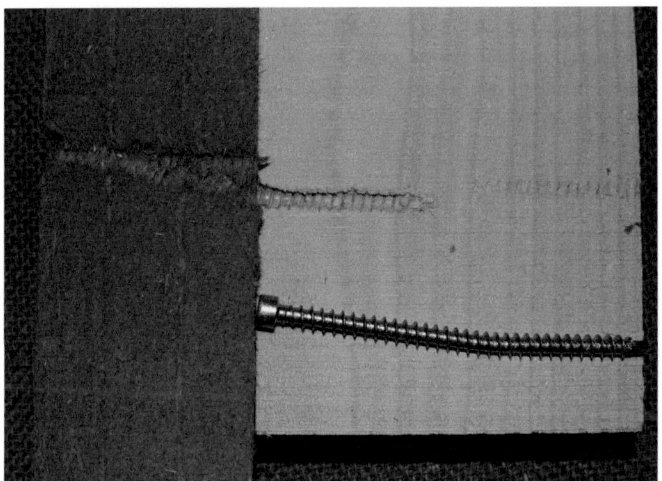

Bild 7-7   Geöffneter Druckscherkörper einer Holz-HFDP-Verbindung mit einer Schraube (Würth ASSY VG 6 x 100 mm) und UDP 3_d_I

Die Vorhersagewerte der Tragfähigkeit wurden in Anlehnung an DIN 1052:2004-08 berechnet. Hierbei ist die Tragfähigkeit abhängig von der Geometrie der Verbindung (Dicken der verbundenen Bauteile und Durchmesser des Verbindungsmittels) sowie vom Fließmoment M_y des Verbindungsmittels und von den Lochleibungsfestigkeiten der verbundenen Bauteile. Für die Geometrie der Verbindung wurden die Nennmaße (Nenndurchmesser und Nennlänge des Verbindungsmittels sowie Nenndicke der Unterdeckplatte) eingesetzt. Die Fließmomente der Verbindungsmittel wurden in Anlehnung an DIN EN 409:1993 an 10 zufällig ausgewählten Schrauben je Schraubentyp ermittelt. In Tabelle 12-61 und Tabelle 12-62 sind die Fließmomente der beiden speziellen Schrauben sowie in Tabelle 12-63 und Tabelle 12-64 die Fließmomente der beiden ASSY Schrauben angegeben.

Die Lochleibungsfestigkeit der Schrauben in HFDP wurde nach Gleichung (8) mit den ermittelten Rohdichten berechnet. Die Lochleibungsfestigkeit des Vollholzes wurde nach DIN 1052:2004-08 mit den nach den Versuchen ermittelten Rohdichtewerten berechnet. Die Erhöhung der Tragfähigkeit wurde in den Versuchsserien 1 und 3 nach DIN 1052:2004-08 unter Verwendung der ermittelten Kopfdurchziehtragfähigkeiten der speziellen Schraube bestimmt. Für die Serie 2 wurde keine Erhöhung der Tragfähigkeit vorgenommen. In Bild 7-8 sind die Versuchsergebnisse unterteilt nach Verbindungsmittel den berechneten Werten gegenübergestellt.

Die charakteristische Tragfähigkeit wurde entsprechend berechnet. Die charakteristische Lochleibungsfestigkeit wurde für Schrauben in HFDP nach Gleichung (9) und in

Vollholz nach DIN 1052:2004-08 berechnet. Der charakteristische Wert der Kopfdurchziehtragfähigkeit wurde aus den Versuchsergebnissen nach Anhang C, DIN
1052:2004-08 berechnet. In Bild 7-9 sind die Versuchsergebnisse unterteilt nach Verbindungsmittel über den charakteristischen Werten dargestellt.

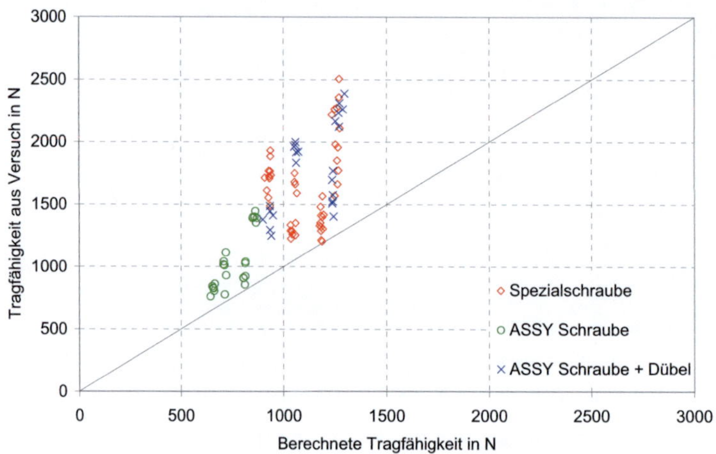

Bild 7-8   Versuchsergebnisse über berechneten Tragfähigkeiten

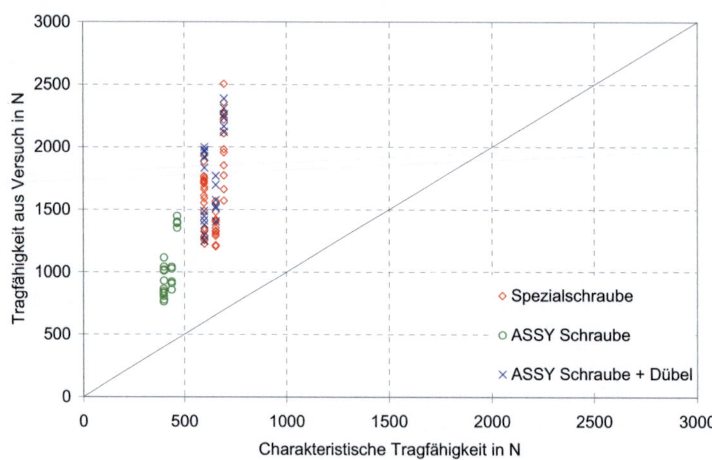

Bild 7-9   Versuchsergebnisse über charakteristischen Tragfähigkeiten

7.4 Zugscherversuche mit Breitrückenklammern, Klammern und Nägeln

7.4.1 Allgemeines

Das Versuchsprogramm der 90 durchgeführten Zugscherversuche mit Breitrücken-klammern, Klammern und Nägeln ist in Tabelle 7-3 und Tabelle 7-4 zusammenge-stellt. Je Kombination aus Holzfaserdämmplatte und Verbindungsmittel wurden drei Versuche durchgeführt.

Tabelle 7-3   Versuchsprogramm der Zugscherversuche mit UDP

HFDP	Dicke in mm	Verbindungsmittel	Durchmesser/Rückenbreite
UDP 1_1a	18	Na	3,8
		KI	12
			27
UDP 2_a	18	Na	3,8
		KI	12
			27
UDP 3_a	18	Na	3,8
		KI	12
			27
UDP 1_1b	22	Na	3,8
		KI	12
			27
UDP 2_b	22	Na	3,8
		KI	12
			27
UDP 3_b	22	Na	3,8
		KI	12
			27
UDP 1_1d	35	Na	4,6
		KI	12
			27
UDP 2_c	35	Na	4,6
		KI	12
			27
UDP 3_c	35	Na	4,6
		KI	12
			27

Tabelle 7-4   Versuchsprogramm der Zugscherversuche mit WDVP

HFDP	Dicke in mm	Verbindungsmittel	Durchmesser/Rückenbreite
WDVP 1_2	40		
WDVP 2	60	KI	27
WDVP 3	40		

Für jeden Versuch wurde ein doppeltsymmetrischer Zugscherkörper hergestellt. Die Breitrückenklammern wurden direkt in die HFDP eingebracht, die Klammern und Nägel wurden durch Konterlattenteilstücke eingeschossen bzw. eingeschlagen. In Bild 7-10 sind die beiden Versuchskörpertypen im Schnitt und in der Ansicht dargestellt.

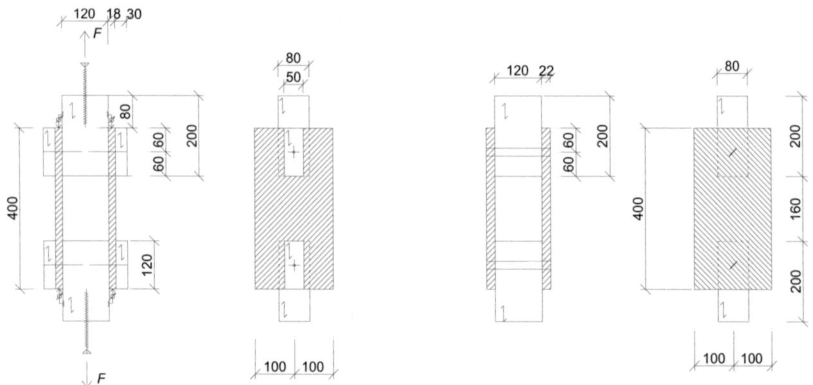

Bild 7-10   Zugscherkörper für Versuche mit Klammern und Nägeln (links) sowie für Versuche mit Breitrückenklammern (rechts)

Die Durchführung der Versuche erfolgte in Anlehnung an DIN EN 26891:1991. Die Kraft wurde hierbei zentrisch in die Versuchskörper eingeleitet und bis $0{,}7 \cdot F_{est}$ kraftgesteuert aufgebracht. Danach wurde der Versuch bis zum Erreichen der Höchstlast bzw. einer Verschiebung von 15 mm durchgeführt. Die Relativverschiebung zwischen Rippe und HFDP wurde mit vier induktiven Wegaufnehmern gemessen. Für die Auswertung der Verschiebungsmoduln wird hierbei ein linear-elastisches Verformungsverhalten bis zum Erreichen von 40% der geschätzten Tragfähigkeit vorausgesetzt. Die Verbindung von VH und HFDP zeigt jedoch auch schon unterhalb von 40% der geschätzten Tragfähigkeit ein plastisches Verformungsverhalten. Daher wird die Auswertung der Verschiebungsmoduln für eine konstante Verschiebung durchgeführt. Damit konnte die Variation der ausgewerteten Verschiebungsmoduln verringert werden.

7.4.2 Auswahl der Vollholzproben (Rippen)

Für die Rohdichteauswahl des Vollholzes wurden 201 Proben zugeschnitten und die Rohdichten sämtlicher Teilstücke ermittelt. Die Häufigkeitsverteilung und die statistischen Grundwerte einer Normalverteilung sind in Bild 7-11 dargestellt. Die ermittelten Rohdichten wurden der Größe nach sortiert und die Probe mit der größten Rohdichte aussortiert (siehe Tabelle 7-5).

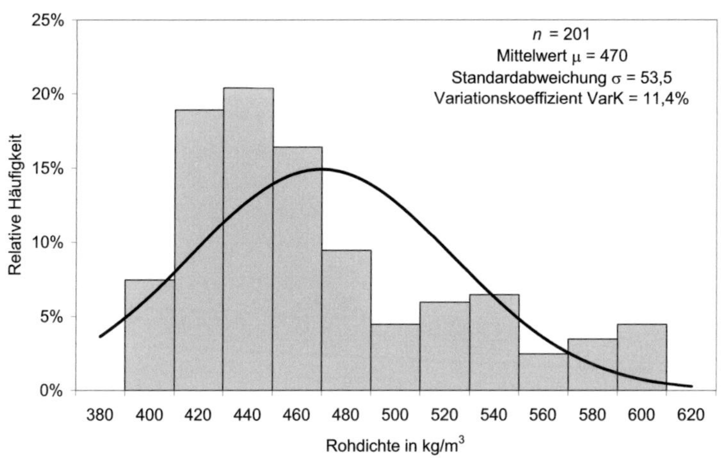

Bild 7-11   Häufigkeitsverteilung der Rohdichte der Rippenprobekörper

Tabelle 7-5   Sortierung der zugeschnittenen Proben mit aufsteigender Rohdichte

Rang	Rohdichte in kg/m³	Nr. VH
1.	397	94
2.	399	167
3.	400	97
4.	402	131
.	.	.
.	.	.
200.	602	173
201.	606	113

Aus den verbleibenden 200 Proben wurden 100 Paare aus Proben mit aufeinander folgenden Rohdichtewerten gebildet. Die Differenz der beiden Rohdichtewerte der Proben der so gebildeten Paare wurde ermittelt und die 10 Paare mit den größten Differenzen aussortiert. Damit konnten im Hinblick auf die Rohdichte möglichst symmetrische Versuchskörper hergestellt werden (siehe Tabelle 7-6). In Bild 7-12 sind die Rohdichtewerte der einander zugeordneten VH-Teilstücke aufgetragen. Der Korrelationskoeffizient beträgt R = 1,0. Der y-Achsenabschnitt der Ausgleichsgeraden beträgt b = 0,253 und die Steigung m = 1.

Tabelle 7-6   Auswahl von 90 Vollholzpaaren

Paar	Rohdichte in kg/m^3	Nr. VH	Differenz
1	397	94	2
	399	167	
2	400	97	2
	402	131	
.	.	.	.
.	.	.	.
90	601	185	1
	602	173	

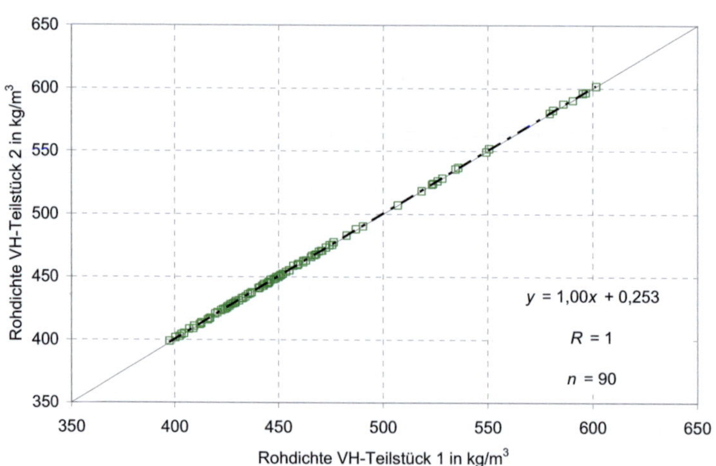

Bild 7-12   Rohdichtewerte der gebildeten Paare

Für jede der 30 Kombinationen aus HFDP und Verbindungsmittel wurden drei Versuche durchgeführt. Um eine Konzentration hoher bzw. niedriger Rohdichtewerte innerhalb einer Kombination zu vermeiden und eine ausgeglichene Rohdichteverteilung über alle Versuche zu ermöglichen, wurden die Paare nach folgendem Schema den 30 Versuchsreihen zugeordnet: Jedem Paar wurde ein Rang in Abhängigkeit von den Rohdichtewerten der beiden Proben zugeordnet: 1. Rang: Paar mit den kleinsten Rohdichtekennwerten, 2. Rang: Paar mit den zweitkleinsten Rohdichtekennwerten, usw. Die 90 Paare wurden in drei Gruppen mit je 30 Paaren unterteilt. Die ersten 30 Paare wurden in die erste Gruppe, die zweiten 30 Paare in die zweite Gruppe und die dritten 30 Paare in die dritte Gruppe eingeordnet. Jeder Kombination wurde aus jeder der drei Gruppen ein Paar zugeordnet.

Um eine möglichst gleichmäßige Rohdichteverteilung der so erhaltenen Tripel zu erreichen, wurde die Zuordnung nicht zufällig durchgeführt. (Bei einer zufälligen Verteilung wäre beispielsweise ein Tripel mit den drei Paaren mit den höchsten Rohdichtewerten möglich.) Dem Paar mit den kleinsten Rohdichtewerten der ersten Gruppe wurde das Paar mit den größten Rohdichtewerten der dritten Gruppe zugeordnet, dem Paar mit den zweitkleinsten Rohdichtewerten das Paar mit den zweitgrößten Rohdichtewerten usw. Das dritte Paar wurde aus der mittleren Gruppe zugeordnet. Die Summe der Ränge aus der ersten und dritten Gruppe ist somit konstant, die Differenz ergibt sich lediglich aus den unterschiedlichen Rängen der zweiten Gruppe. (Für eine gerade Anzahl von Gruppen würde die Summe der Ränge konstant gehalten.)

In Tabelle 7-7 ist die Bildung der Tripel schematisch zusammengestellt. Der Rang und die zugehörige mittlere Rohdichte der Paare sind in den Spalten 2 bis 7 angegeben. Die Summe der Ränge der drei Paare in einem Tripel ist in Spalte 8 angegeben. Der mittlere Rang ist in Spalte 9 angegeben und liegt zwischen 40,7 und 50,3. (Im Idealfall würde der mittlere Rang für jedes Tripel 45,5 betragen.) In Spalte 10 sind die Mittelwerte der Rohdichte angegeben. In Bild 7-13 sind die mittleren Rohdichtewerte der 30 gebildeten Tripel eingetragen.

Tabelle 7-7   Zuordnung von Vollholzpaaren in Tripel (ρ_{Mittel} in kg/m^3)

| | Gruppe | | | | | | Σ | Mittlerer | Mittelwert |
| | 1 | | 2 | | 3 | | Ränge | Rang | Rohdichte |
	Rang	ρ_{Mittel}	Rang	ρ_{Mittel}	Rang	ρ_{Mittel}	Tripel		in kg/m^3
Tripel 1	1.	398	31.	434	90.	602	122	40,7	478
Tripel 2	2.	401	32.	436	89.	597	123	41,0	478
Tripel 3	3.	402	33.	437	88.	596	124	41,3	478
.	.	.	.	.	.	.	.	.	.
.	.	.	.	.	.	.	.	.	.
Tripel 29	29.	433	59.	465	62.	468	150	50,0	455
Tripel 30	30.	433	60.	466	61.	467	151	50,3	455

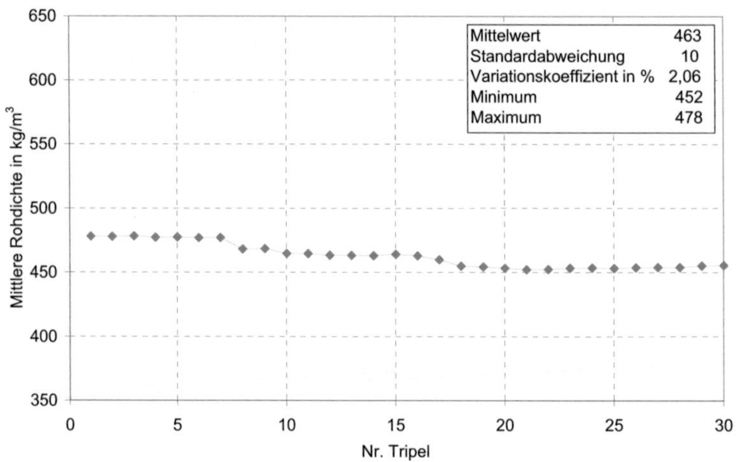

Bild 7-13   Mittlere Rohdichte der 30 gebildeten Tripel (je Tripel 3 x 2 Werte)

Um eine homogene Rohdichteverteilung nicht nur unter den 30 Kombinationen aus HFDP und VM zu gewährleisten, sondern auch unter den neun ausgewählten UDP wurden die so gebildeten Tripel wiederum in drei Gruppen eingeteilt. Je ausgewählter UDP wurden drei Tripel nach dem vorgestellten Verfahren ausgewählt. Dabei wurden die ersten drei Tripel den neun Versuchen mit WDVP zugeordnet. In Tabelle 7-8 ist die Zuordnung der Tripel in neun 9-Tupel zusammengestellt. Die Summe der Ränge der Tripel und die zugehörigen mittleren Rohdichten sind in Spalte 2 bis 7 angegeben. Die Summe der Ränge der 9-Tupel ist in Spalte 8 angegeben. In Spalte 9 ist der mittlere Rang der 9-Tupel angegeben. Die Werte liegen durch die weitere Zuordnung der Tripel in 9-Tupel nahe am Idealwert 45,5. In Spalte 10 sind die Mittelwerte der Rohdichte zusammengestellt. In Bild 7-14 sind die mittleren Rohdichten der neun 9-Tupel dargestellt.

Tabelle 7-8   Zuordnung der Tripel in 9-Tupel (ρ_{Mittel} in kg/m^3)

| | Gruppe | | | | | | Σ | Mittlerer | Mittelwert |
| | 1 | | 2 | | 3 | | Rang | Rang | Rohdichte |
	Σ Rang	ρ_{Mittel}	Σ Rang	ρ_{Mittel}	Σ Rang	ρ_{Mittel}	9-Tupel		in kg/m^3
9-Tupel 1	125	477	134	463	151	455	410	45,6	465
9-Tupel 2	126	477	135	463	150	455	411	45,7	465
9-Tupel 3	127	477	136	464	149	454	412	45,8	465
9-Tupel 4	128	477	138	460	148	454	414	46,0	464
9-Tupel 5	129	468	137	463	147	454	413	45,9	462
9-Tupel 6	130	468	139	455	146	453	415	46,1	459
9-Tupel 7	131	465	142	452	145	453	418	46,4	457
9-Tupel 8	132	464	141	453	144	453	417	46,3	457
9-Tupel 9	133	463	140	454	143	452	416	46,2	457

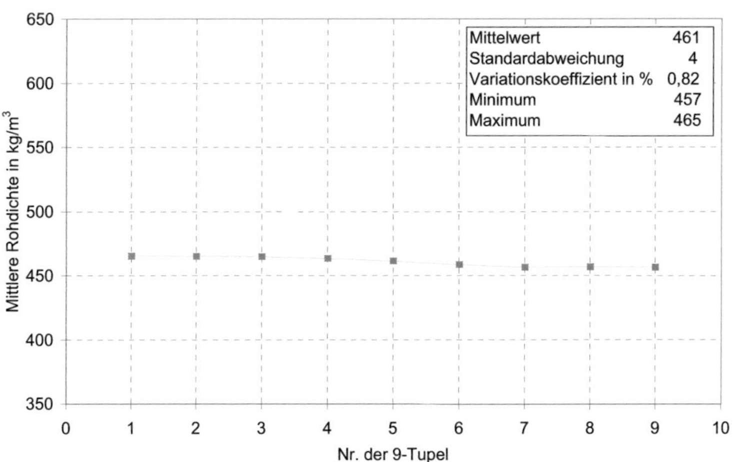

Bild 7-14   Mittlere Rohdichte der neun gebildeten 9-Tupel (je 9-Tupel 3 x 3 x 2 Werte)

Die so gebildeten neun 9-Tupel wurden den neun ausgewählten UDP zugeordnet. Dabei wurden den neun Versuchen mit einer Plattendicke benachbarte 9-Tupel zugeordnet um die Unterschiede in der Rohdichte der Proben unter den drei Herstellern zu minimieren.

Somit wird in jeder der 30 Versuchsreihen eine bestimmte Rohdichtespannweite untersucht, während für die ausgewählten UDP vergleichbare Rohdichtewerte vorliegen. In Tabelle 7-9 und Tabelle 7-10 ist die Zuordnung der Paare zu den Versuchsreihen zusammengestellt.

Tabelle 7-9   Zuordnung der Paare zu den Versuchsreihen mit UDP

HFDP	Dicke	VM	Durchmesser/ Rückenbreite	Paar 1	Paar 2	Paar 3	Σ Rang Tripel	Mittlerer Rang HFDP - VM	Σ Rang 9-Tupel	Mittlerer Rang HFDP
UDP 1_1a	18	Na	3,8	4	34	87	125	42		
		KI	12	13	43	78	134	45	410	45,6
			27	30	60	61	151	50		
UDP 2_a	18	Na	3,8	5	35	86	126	42		
		KI	12	14	44	77	135	45	411	45,7
			27	29	59	62	150	50		
UDP 3_a	18	Na	3,8	6	36	85	127	42		
		KI	12	15	45	76	136	45	412	45,8
			27	28	58	63	149	50		
UDP 1_1b	22	Na	3,8	7	37	84	128	43		
		KI	12	17	47	74	138	46	414	46,0
			27	27	57	64	148	49		
UDP 2_b	22	Na	3,8	8	38	83	129	43		
		KI	12	16	46	75	137	46	413	45,9
			27	26	56	65	147	49		
UDP 3_b	22	Na	3,8	9	39	82	130	43		
		KI	12	18	48	73	139	46	415	46,1
			27	25	55	66	146	49		
UDP 1_1d	35	Na	4,6	10	40	81	131	44		
		KI	12	21	51	70	142	47	418	46,4
			27	24	54	67	145	48		

Tabelle 7-9 (Forts.)   Zuordnung der Paare zu den Versuchsreihen mit UDP

HFDP	Dicke	VM	Durchmesser/ Rückenbreite	Paar			Σ Rang Tripel	Mittlerer Rang HFDP - VM	Σ Rang 9-Tupel	Mittlerer Rang HFDP
				1	2	3				
UDP 2_c	35	Na	4,6	11	41	80	132	44	417	46,3
		KI	12	20	50	71	141	47		
			27	23	53	68	144	48		
UDP 3_c	35	Na	4,6	12	42	79	133	44	416	46,2
		KI	12	19	49	72	140	47		
			27	22	52	69	143	48		

Tabelle 7-10   Zuordnung der Paare zu den Versuchsreihen mit WDVP

HFDP	Dicke	VM	Durchmesser/ Rückenbreite	Paar			Σ Rang Tripel	Mittlerer Rang HFDP - VM	Σ Rang 9-Tupel	Mittlerer Rang HFDP
				1	2	3				
WDVP 1_2	40	KI	27	1	31	90	122	41	369	41,0
WDVP 2	60			3	33	88	124	41		
WDVP 3	40			2	32	89	123	41		

Für die Berechnung der Erwartungswerte der Tragfähigkeit in Anlehnung an die Theorie nach Johansen (1949) wird die Lochleibungsfestigkeit mit den nach den Versuchen ermittelten Rohdichten bestimmt. Für die multiple Regressionsanalyse zur Ermittlung der Verschiebungsmoduln der Verbindungen werden ebenfalls die ermittelten Rohdichtewerte verwendet. Somit konnte für den Vergleich der Versuchsergebnisse untereinander und mit Berechnungsmodellen auf eine Rohdichtekorrektur verzichtet werden.

In Bild 7-15 sind die nach den Versuchen ermittelten Rohdichtekennwerte an ausgeschnittenen Proben im Bereich der Verbindungsmittel der beiden VH-Teilstücke der 90 Paare übereinander aufgetragen. Der Korrelationskoeffizient liegt bei $R = 0{,}909$, der y-Achsenabschnitt der Ausgleichsgerade bei $b = 8{,}30$ und die Steigung bei $m = 0{,}976$.

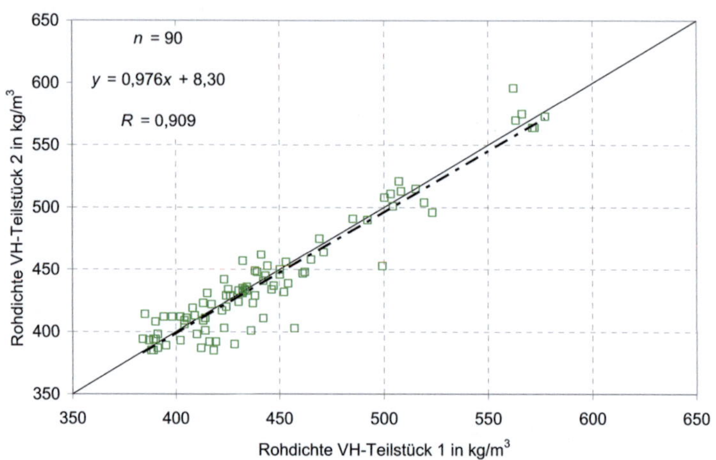

Bild 7-15   Rohdichtewerte der in einem Versuch kombinierten VH-Teilstücke

7.4.3   Auswahl der Vollholzproben (Konterlatten)

Für die Versuche mit Klammern und Nägeln wurde zusätzlich je Verbindungsmittel ein Konterlattenteilstück benötigt. Insgesamt waren 180 Teilstücke mit einem Querschnitt b / h = 30 mm / 50 mm und 36 Teilstücke mit einem Querschnitt b / h = 40 mm / 60 mm erforderlich. Für die Rohdichteauswahl wurden 200 Konterlatten- teilstücke zugeschnitten und die Rohdichten der gesamten Teilstücke ermittelt. Die Häufigkeitsverteilung und die statistischen Grundwerte einer Normalverteilung sind in Bild 7-16 dargestellt.

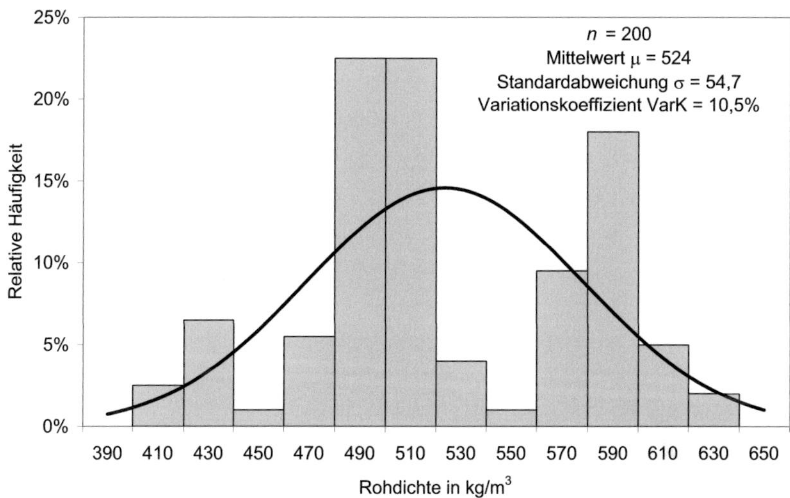

Bild 7-16   Häufigkeitsverteilung der Rohdichte der Konterlattenprobekörper

Die ermittelten Rohdichten wurden nach der Größe sortiert. Für die bereits zugeordneten VH-Teilstücke sollten passende Konterlattenteilstücke mit möglichst entsprechenden und homogenen Rohdichten ausgesucht werden. Hierfür wurden die Werte
aufsteigend sortiert und die Spannweiten der möglichen Teilgruppen (bestehend aus
jeweils vier Konterlattenteilstücken) ermittelt. Die Spannweite S wurde für jeden Wert
nach Gleichung (17) berechnet.

$$S = \min\left\{\rho_i - \rho_{i-3} \; ; \; \rho_{i+3} - \rho_i\right\}$$ (17)

mit

ρ_i Rohdichte einer Probe i

ρ_{i-3} kleinste Rohdichte in einer möglichen Teilgruppe mit der Probe i

ρ_{i+3} größte Rohdichte in einer möglichen Teilgruppe mit der Probe i

Für die Auswahl von 180 Probekörpern wurde ein iteratives Vorgehen angewendet.
Das Konterlattenstück mit der größten nach Gleichung (17) berechneten Spannweite
wurde aussortiert und die Spannweiten erneut bestimmt. Dann wurde wieder die
größte Spannweite bestimmt und der zugehörige Probekörper aussortiert. Aus den
ausgewählten 180 Konterlattenteilstücken wurden die jeweils vier benachbarten Wer-

te in Quadrupel zusammengefasst. In Tabelle 7-11 ist die Zusammenstellung der Quadrupel dargestellt.

Tabelle 7-11   Zusammenstellung von Konterlattenstücken in 45 Quadrupel

Quadrupel	Nr. VH	Rohdichte in kg/m^3	Spannweite
1	131	415	4
	125	416	
	128	418	
	124	419	
2	122	421	4
	126	421	
	173	425	
	138	425	
.	.	.	.
	.	.	
	.	.	
	.	.	
45	195	624	5
	192	626	
	196	629	
	190	629	

Die so erzeugten 45 Quadrupel wurden für die Zuweisung zu den 15 Versuchsreihen mit je drei Versuchen in drei Gruppen eingeteilt. In Tabelle 7-12 ist die Zuweisung zusammengefasst. In den Spalten 2 bis 7 sind die Ränge und die mittleren Rohdichten der 45 Quadrupel eingetragen. Die Summe der Ränge je Tripel ist in Spalte 8 und der mittlere Rang in Spalte 9 eingetragen. Die mittleren Rohdichtewerte der 15 Tripel sind in Spalte 10 zusammengestellt. In Bild 7-17 sind die mittleren Rohdichten der 15 Tripel dargestellt.

Tabelle 7-12   Einteilung der Quadrupel in drei Gruppen (ρ_{Mittel} in kg/m³)

| | Gruppe | | | | | | Σ | Mittlerer | ρ_{Mittel} |
| | 1 | | 2 | | 3 | | Ränge Tripel | Rang | |
	Rang	ρ_{Mittel}	Rang	ρ_{Mittel}	Rang	ρ_{Mittel}			
Tripel 1	1.	417	16.	498	45.	627	62	20,7	514
Tripel 2	2.	423	17.	499	44.	606	63	21,0	509
Tripel 3	3.	428	18.	500	43.	600	64	21,3	509
.	.	.	.	.	.	.	.	.	.
.	.	.	.	.	.	.	.	.	.
Tripel 14	14.	496	29.	519	32.	573	75	25,0	529
Tripel 15	15.	497	30.	564	31.	568	76	25,3	543

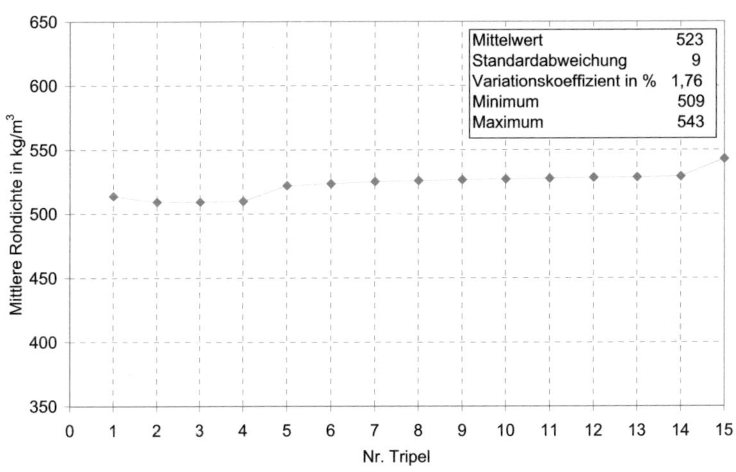

Bild 7-17   Mittlere Rohdichten der Tripel

Die so gebildeten 15 Tripel wurden den drei Herstellern mit je fünf Versuchsserien (UDP t = 18/22 mm mit Nägeln d = 3,8 mm und UDP t = 18/22/35 mm mit Klammern b_r = 12 mm) zugeordnet. Die Zuordnung der 15 Tripel in drei 5-Tupel ist in Tabelle 7-13 zusammengefasst. In den Spalten 2 bis 7 sind die Summe der Ränge und die mittleren Rohdichtewerte der 15 Tripel eingetragen. Die Summe der Ränge je 5-Tupel ist in Spalte 8 und der mittlere Rang in Spalte 9 eingetragen. Die mittleren Rohdichtewerte der drei 5-Tupel sind in Spalte 10 zusammengestellt. Somit wurde eine ausgeglichene Rohdichte für die drei Hersteller erreicht. Für die Auswahl der 36 benötigten Konterlattenteilstücke mit b/h = 40/60 wurde entsprechend verfahren.

Tabelle 7-13 Einteilung der Quadrupel in drei Gruppen (ρ_{Mittel} in kg/m^3)

	Gruppe					Σ Rang	Mittlerer Rang	ρ_{Mittel}
	1	2	3	4	5			
	Σ Rang	Σ Rang	Σ Rang	Σ Rang	Σ Rang			
	ρ_{Mittel}	ρ_{Mittel}	ρ_{Mittel}	ρ_{Mittel}	ρ_{Mittel}			
5-Tupel 1	62 / 514	67 / 524	68 / 525	73 / 528	74 / 529	344	22,9	524
5-Tupel 2	63 / 509	66 / 522	69 / 526	72 / 528	75 / 529	345	23,0	523
5-Tupel 3	64 / 509	65 / 510	70 / 527	71 / 527	76 / 543	346	23,1	523

Nach den Versuchen wurden aus den Versuchskörpern im Bereich der Verbindungsmittel Proben ausgeschnitten und die Rohdichte sowie die Holzfeuchte ermittelt. Die Werte sind in Tabelle 12-80 und Tabelle 12-81 für die Versuche mit Nägeln, in Tabelle 12-84 und Tabelle 12-85 für die Versuche mit Klammern und in Tabelle 12-88 für die Versuche mit Breitrückenklammern zusammengefasst. Die Mittelwerte der Rohdichten der Konterlattenteilstücke und der Rippenstücke sind in Bild 7-18 aufgetragen. Zu erkennen ist die generell höhere Rohdichte der Konterlattenteilstücke. Die Steigung der Ausgleichsgerade beträgt m = 0,955 und liegt im Bereich der Steigung der Winkelhalbierenden, d.h. die Differenz zwischen der Rohdichte der Konterlatte und der Rohdichte der Rippen ist im Mittel für alle Versuche konstant.

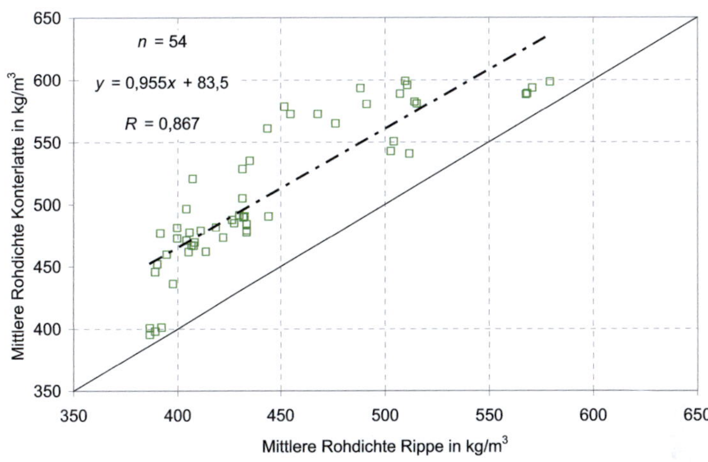

Bild 7-18   Mittlere Rohdichte der Konterlatte über mittlerer Rohdichte der Rippe

7.4.4 Versuche mit Nägeln in Unterdeckplatten

In Tabelle 7-14 ist das Versuchsprogramm der Zugscherversuche mit Nägeln zusammengefasst. Ein Versuchskörper im Versuchsaufbau ist in Bild 7-19 dargestellt. Die nach den Versuchen ermittelten Rohdichten und Holzfeuchten sind in Tabelle 12-80 und Tabelle 12-81 angegeben. Die ausgewerteten Versuchsdaten sind in Tabelle 12-82 und Tabelle 12-83 zusammengefasst.

Tabelle 7-14   Versuchsprogramm der Zugscherversuche mit Nägeln und UDP

| Verbindungsmittel | Durchmesser in mm | Unterdeckplatte | | Anzahl |
		Dicke in mm	Typ	
Nagel	3,8	18	1_1a	3
			2_a	3
			3_a	3
		22	1_1b	3
			2_b	3
			3_b	3
	4,6	35	1_1d	3
			2_c	3
			3_c	3
				27

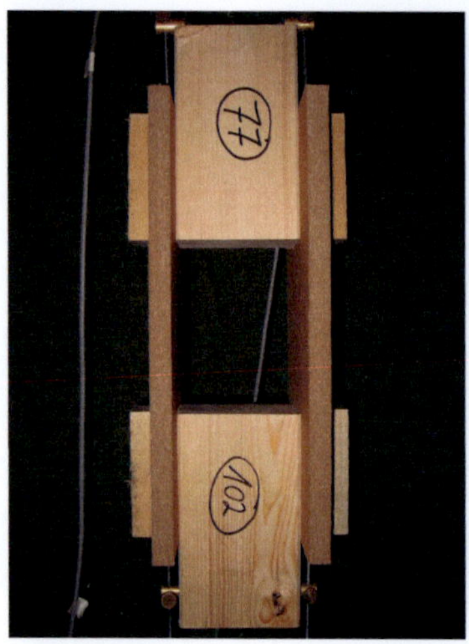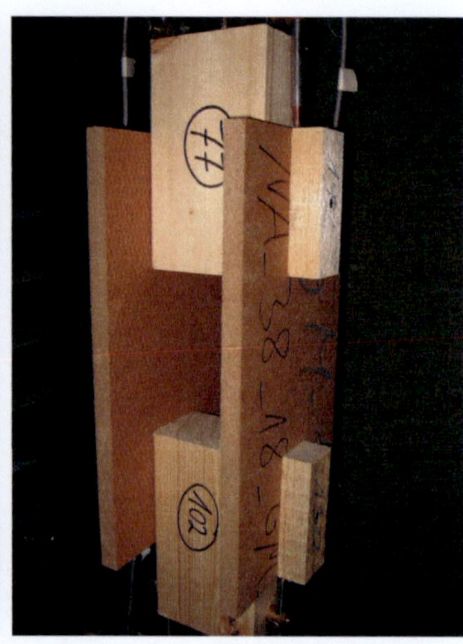

Bild 7-19   Zugscherkörper einer Holz-HFDP-Verbindung mit Nägeln

Die Vorhersagewerte der Tragfähigkeit wurden in Anlehnung an DIN 1052:2004-08 berechnet. Hierbei ist die Tragfähigkeit abhängig von der Geometrie der Verbindung (Dicken der verbundenen Bauteile und Durchmesser des Verbindungsmittels) sowie vom Fließmoment M_y des Verbindungsmittels und von den Lochleibungsfestigkeiten der verbundenen Bauteile. Für die Geometrie der Verbindung wurden die Nennmaße (Nenndurchmesser und Nennlänge des Verbindungsmittels sowie Nenndicke der Unterdeckplatte) eingesetzt.

Die Fließmomente der Verbindungsmittel wurden in Anlehnung an DIN EN 409:1993 an 10 zufällig ausgewählten Nägeln je Durchmesser ermittelt. In Tabelle 12-66 sind die Fließmomente von Nägeln mit d = 3,8 mm und in Tabelle 12-67 von Nägeln mit d = 4,6 mm angegeben. Für die Lochleibungsfestigkeit der Unterdeckplatte wurden die Mittelwerte aus den Lochleibungsversuchen mit Nägeln entnommen. Die Lochleibungsfestigkeit des Vollholzes (Rippe und Konterlatte) wurde nach DIN 1052:2004-08 mit den nach den Versuchen ermittelten Rohdichtewerten berechnet.

Die Berechnung der Tragfähigkeit der Verbindung erfolgte nach den Gleichungen G.1, G.2, G.4 und G.6. Für die Versagensmechanismen 3 und 5 wurde die Konterlatte berücksichtigt und die Gleichungen (15) und (16) verwendet. Der Versagensmechanismus 2 (Erreichen der Lochleibungsfestigkeit in der UDP) wurde für alle Versuchskonfigurationen maßgebend. In den Versuchen wurde allerdings aufgrund der Reibung zwischen den verbundenen Bauteilen Versagensmechanismus 2 nicht beobachtet. Durch die gleichförmige Verschiebung von Unterdeckplatte und Konterlatte und das Öffnen eines Versuchskörpers konnte die Annahme des Versagensmechanismus 6 bestätigt werden. Dieser Versagensmechanismus ist durch eine Relativverschiebung zwischen Unterdeckplatte und Vollholz gekennzeichnet. In Bild 7-20 ist das typische Versagen mit Ausbildung von zwei Fließgelenken je Verbindungsmittel und Scherfuge dargestellt.

Des Weiteren wurde in Anlehnung an den Ansatz für Sondernägel der Tragfähigkeitsklasse 3 eine Erhöhung der Tragfähigkeit auf Abscheren vorgenommen. Dabei erfolgte die Berechnung der Ausziehtragfähigkeit nach DIN 1052:2004-08 unter Verwendung der Auszieh- und Kopfdurchziehparameter für glattschaftige Nägel und der nach den Versuchen ermittelten Rohdichtewerte. In Bild 7-21 sind die Versuchsergebnisse den berechneten Werten gegenübergestellt.

Bild 7-20   Typisches Versagen mit Ausbildung zweier Fließgelenke

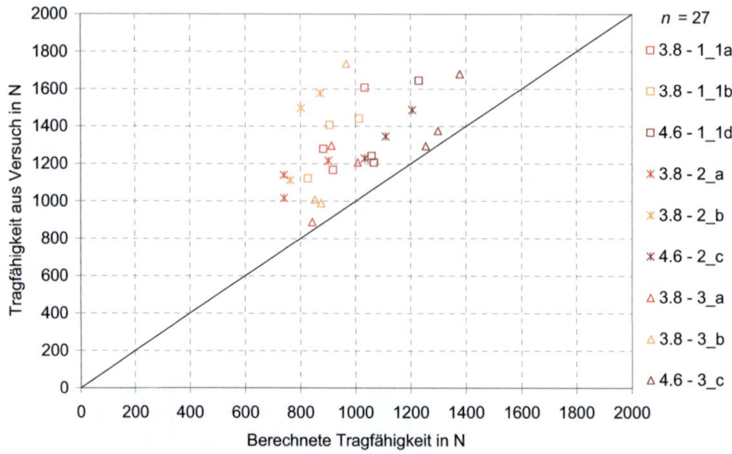

Bild 7-21   Versuchsergebnisse der Zugscherversuche mit Nägeln über den berechneten Werten

Alle Versuchsergebnisse liegen über den berechneten Werten. Dies kann mit der konservativen Berechnung der Lochleibungsfestigkeit sowie der Auszieh- und der Kopfdurchziehtragfähigkeit nach den Gleichungen für die charakteristischen Werte begründet werden. Das mittlere Verhältnis η zwischen Versuchsergebnis und Vorhersagewert liegt bei η = 1,33. Eine Auswertung der Versuche mit Zugscherkörpern aus Brettsperrholz und Schrauben und Stabdübeln als Verbindungsmittel (Blaß und Uibel 2007) ergibt ein Verhältnis η = 1,32.

Für den Vergleich der Versuchsergebnisse mit den charakteristischen Werten der Tragfähigkeit wird für Vollholz (Rippe und Konterlatte) die charakteristische Lochleibungsfestigkeit mit ρ_k = 380 kg/m^3 (entsprechend der Rohdichteverteilung) und für HFDP mit ρ_k = 200 kg/m^3 berechnet. Das Fließmoment wurde nach DIN 1052:2004-08 mit einer charakteristischen Zugfestigkeit von $f_{u,k}$ = 600 N/mm^2 berechnet. Für die Auszieh- und Kopfdurchziehtragfähigkeit wurde die charakteristische Rohdichte entsprechend der Berechnung der Lochleibungsfestigkeit angenommen. In Bild 7-22 sind die Versuchsergebnisse über den berechneten charakteristischen Werten aufgetragen.

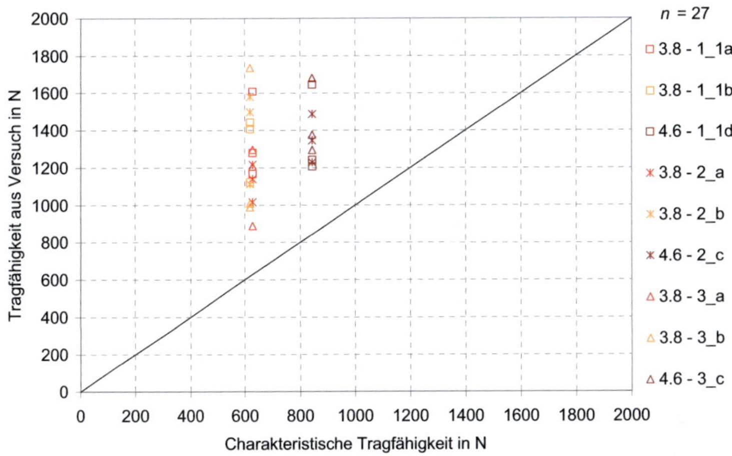

Bild 7-22   Versuchsergebnisse der Zugscherversuche mit Nägeln über den berechneten charakteristischen Werten

Durch das Einbringen der Verbindungsmittel durch eine Konterlatte hindurch können sich die Versagensmechanismen G.3 und G.5 nach DIN 1052:2004-08 nicht einstellen. Wird einer der beiden Versagensmechanismen maßgebend, kann durch die Konterlatte die Tragfähigkeit gesteigert werden. Die erweiterten Gleichungen zur Berechnung der Tragfähigkeit für diese beiden Versagensmechanismen wurden bereits hergeleitet. In Bild 7-23 ist für die durchgeführten Versuche mit Nägeln der Unterschied in der berechneten Tragfähigkeit durch den Ansatz der Konterlatte dargestellt. Im Mittel ist der Wert der Tragfähigkeit auf Abscheren unter Berücksichtigung der Konterlatte um 40% größer als ohne Berücksichtigung der Konterlatte.

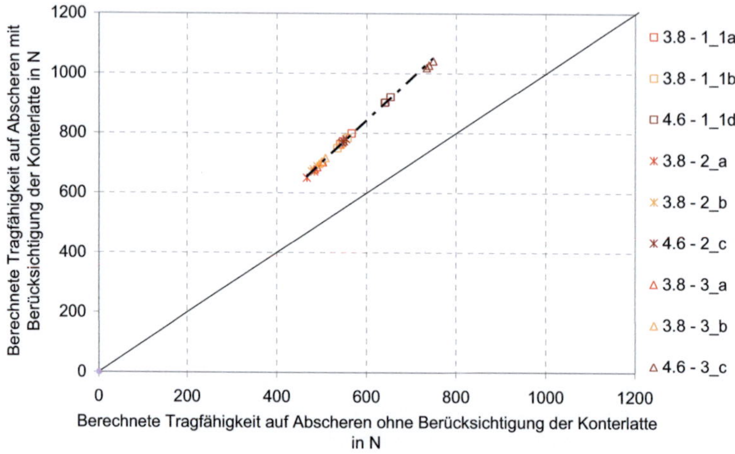

Bild 7-23   Tragfähigkeitssteigerung der Tragfähigkeit auf Abscheren unter Berücksichtigung der Konterlatte

7.4.5   Versuche mit Klammern in Unterdeckplatten

In Tabelle 7-15 ist das Versuchsprogramm der Zugscherversuche mit Klammern zusammengefasst. Die Klammern wurden durch eine Konterlatte in die Unterdeckplatte eingebracht. Die nach den Versuchen ermittelten Rohdichten und die Ergebnisse sind in Tabelle 12-84 und Tabelle 12-85 sowie in Tabelle 12-86 und Tabelle 12-87 zusammengestellt.

Tabelle 7-15   Versuchsprogramm der Zugscherversuche mit Klammern und UDP

Verbindungsmittel	Rückenbreite in mm	Unterdeckplatte		Anzahl
		Dicke in mm	Typ	
Klammer	12	18	1_1a	3
			2_a	3
			3_a	3
		22	1_1b	3
			2_b	3
			3_b	3
		35	1_1d	3
			2_c	3
			3_c	3
				27

Für die Berechnung der zu erwartenden Tragfähigkeiten in Anlehnung an DIN 1052:2004-08 wurden an 10 zufällig ausgewählten Klammern Fließmomente ermittelt und in Tabelle 12-65 angegeben. Die Lochleibungsfestigkeit von Klammern in Unterdeckplatten wurde nach Gleichung (8) berechnet. Des Weiteren wurde in Anlehnung an den Ansatz für Sondernägel eine Erhöhung der Tragfähigkeit auf Abscheren vorgenommen. Dabei erfolgte die Berechnung der Ausziehtragfähigkeit nach DIN 1052:2004-08 unter Verwendung der Auszieh- und Kopfdurchziehparameter für Sondernägel der Tragfähigkeitsklasse 2 und der nach den Versuchen ermittelten Rohdichtewerte. In Bild 7-24 sind die berechneten Werte den Versuchsergebnissen gegenübergestellt.

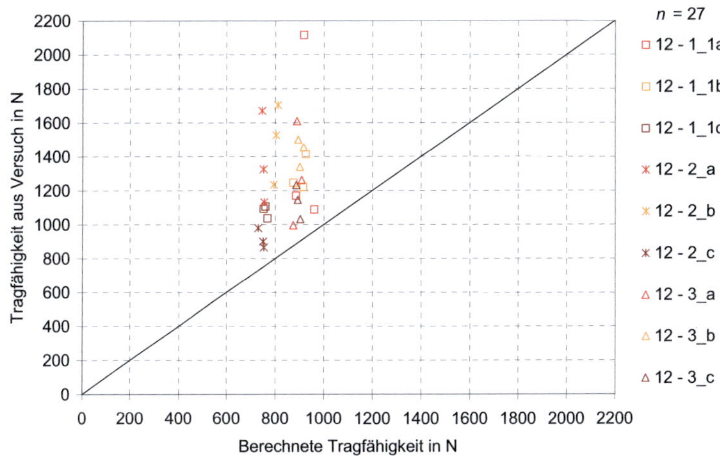

Bild 7-24   Versuchsergebnisse der Zugscherversuche mit Klammern über den berechneten Werten

Für den Vergleich der Versuchsergebnisse mit den charakteristischen Werten der Tragfähigkeit wird für die Rippen die charakteristische Lochleibungsfestigkeit mit ρ_k = 380 kg/m^3 und für die Konterlatten mit ρ_k = 440 kg/m^3 (entsprechend der Rohdichteverteilung) sowie für die HFDP mit ρ_k = 200 kg/m^3 berechnet. Das Fließmoment wurde nach DIN 1052:2004-08 mit einer charakteristischen Zugfestigkeit von $f_{u,k}$ = 600 N/mm^2 berechnet. Für die Auszieh- und Kopfdurchziehtragfähigkeit wurde die charakteristische Rohdichte entsprechend der Berechnung der Lochleibungsfestigkeit angenommen. In Bild 7-25 sind die Versuchsergebnisse über den berechneten charakteristischen Werten aufgetragen.

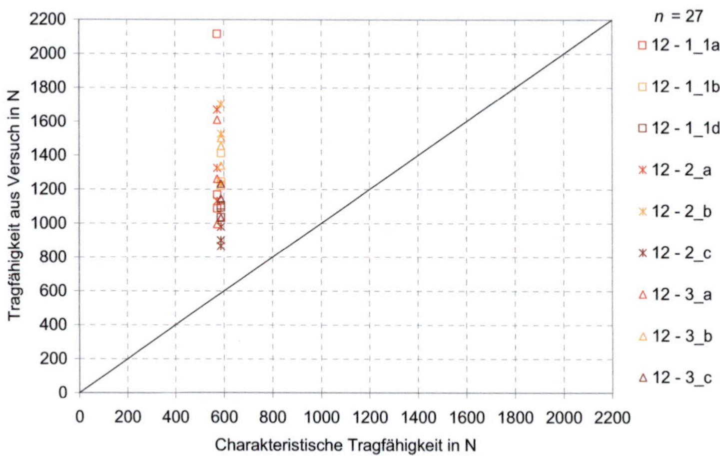

Bild 7-25   Versuchsergebnisse der Zugscherversuche mit Nägeln über den berechneten charakteristischen Werten

Das mittlere Verhältnis zwischen Versuchsergebnis und Vorhersagewert liegt bei η = 1,52. Das mittlere Verhältnis zwischen Versuchsergebnis und charakteristischem Wert liegt bei η = 2,20. Für einen wirtschaftlicheren Bemessungsvorschlag wird die Berechnung des Erhöhungsanteils nach Gleichung (18) vorgenommen.

$$\Delta R_k = 0{,}25 \cdot R_{ax,k}$$
(18)

Die Versuchsergebnisse sind in Bild 12-1 über den entsprechenden berechneten Werten aufgetragen. In Bild 12-2 sind die Versuchsergebnisse über den entsprechenden charakteristischen Werten dargestellt. Das mittlere Verhältnis zwischen Versuchsergebnis und Vorhersagewert liegt dann bei η = 1,20. Das mittlere Verhältnis zwischen Versuchsergebnis und charakteristischem Wert liegt bei η = 1,66.

Eine weiter optimierte Anpassung der Berechnung an die Versuchsergebnisse ist durch eine Erhöhung des Reibbeiwertes von μ = 0,25 um 40% auf μ = 0,35 möglich. Dies entspricht einem Reibbeiwert wie er auch in Blaß et al. (2006) angenommen wurde. Die so berechneten Vorhersagewerte sind in Bild 12-3 den Versuchsergebnissen gegenübergestellt. Das mittlere Verhältnis zwischen Vorhersagewert und Versuchsergebnis beträgt dann η = 1,01. In Bild 12-4 sind die Versuchsergebnisse über den entsprechenden charakteristischen Werten aufgetragen. Der Quotient η beträgt dann η = 1,35.

Die Tragfähigkeitssteigerung durch die Konterlatte ist in Bild 7-26 dargestellt. Für die Reihe 12 - 3_c wurde keine Steigerung der Tragfähigkeit erreicht, da auch ohne Konterlatte Versagensmechanismus 6 maßgebend wird.

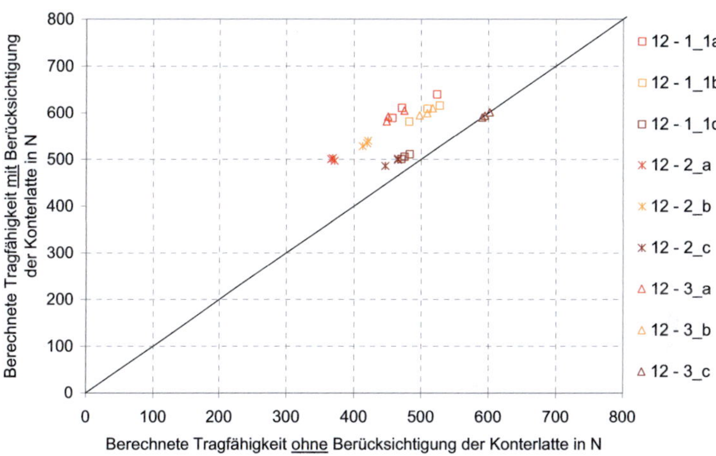

Bild 7-26   Tragfähigkeitssteigerung der Tragfähigkeit auf Abscheren unter Berücksichtigung der Konterlatte

7.4.6   Versuche mit Breitrückenklammern in Unterdeckplatten und Wärmedämmverbundplatten

In Tabelle 7-16 ist das Versuchsprogramm der Zugscherversuche mit Breitrückenklammern zusammengestellt. Breitrückenklammern können im Gegensatz zu Klammern und Nägeln direkt in die HFDP eingebracht werden. Ein Versuchskörper ist in Bild 7-27 dargestellt. Die nach den Versuchen ermittelten Rohdichten und die Ergebnisse sind in Tabelle 12-88 sowie in Tabelle 12-89 und Tabelle 12-90 zusammengestellt.

Tabelle 7-16   Versuchsprogramm der Zugscherversuche mit Breitrückenklammern in UDP und WDVP

| Verbindungsmittel | Rückenbreite in mm | UDP / WDVP | | Anzahl |
		Dicke in mm	Typ	
Breitrückenklammer	27	18	1_1a	3
			2_a	3
			3_a	3
		22	1_1b	3
			2_b	3
			3_b	3
		35	1_1d	3
			2_c	3
			3_c	3
		40	WDVP 1_2	3
		60	WDVP 2	3
		40	WDVP 3	3
				36

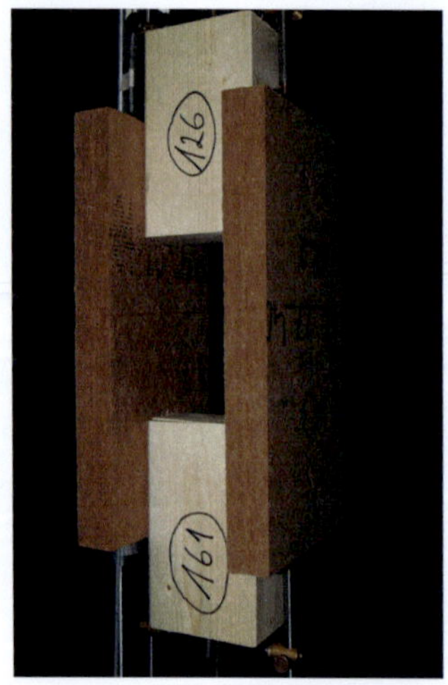

Bild 7-27   Zugscherkörper einer Holz-HFDP-Verbindung mit Breitrückenklammern

Für die Berechnung der zu erwartenden Tragfähigkeiten in Anlehnung an DIN 1052:2004-08 wurden an 10 zufällig ausgewählten Breitrückenklammern die Fließmomente ermittelt. Die Fließmomente sind in Tabelle 12-65 angegeben. Die Lochleibungsfestigkeit von Breitrückenklammern in HFDP wurde nach Gleichung (8) berechnet. Des Weiteren wurde in Anlehnung an den Ansatz für Sondernägel eine Erhöhung der Tragfähigkeit auf Abscheren vorgenommen. Dabei erfolgte die Berechnung der Ausziehtragfähigkeit nach DIN 1052:2004-08 unter Verwendung der Ausziehparameter für Sondernägel der Tragfähigkeitsklasse 2 und den nach den Versuchen ermittelten Rohdichtewerten. Für den Versagensmechanismus des Rückendurchziehens wurden die Mittelwerte der Rückendurchziehtragfähigkeiten aus den entsprechenden Versuchen angenommen. In Bild 7-28 sind die berechneten Werte den Versuchsergebnissen gegenübergestellt. Das Verhältnis η beträgt $\eta = 1{,}24$. Die charakteristischen Werte sind in Bild 7-29 den Versuchsergebnissen gegenübergestellt. Die charakteristische Lochleibungsfestigkeit in HFDP wurde nach Gleichung (9) und die Rückendurchziehtragfähigkeit nach Gleichung (14) berechnet. Das mittlere Verhältnis η zwischen Versuchsergebnissen und den berechneten charakteristischen Werten beträgt $\eta = 1{,}97$.

Eine bessere Korrelation wird erreicht, wenn für die Lochleibungsfestigkeit der HFDP der Mittelwert aus den Versuchen mit Nägeln mit $d = 3{,}1$ mm eingesetzt wird. Dieser Wert liegt unter den Werten, die mit Breitrückenklammern mit einem Durchmesser $d = 2$ mm erreicht würden. In Bild 7-30 sind die so berechneten Werte den Versuchsergebnissen gegenübergestellt. Das Verhältnis η beträgt dann $\eta = 1{,}43$.

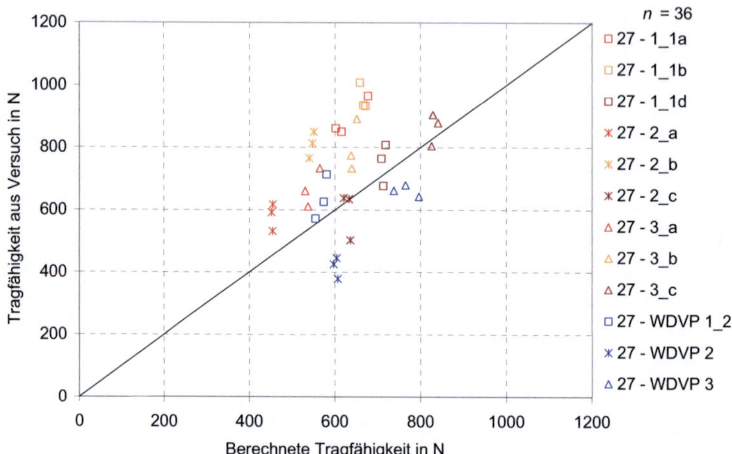

Bild 7-28   Versuchsergebnisse der Zugscherversuche mit Breitrückenklammern über den berechneten Werten

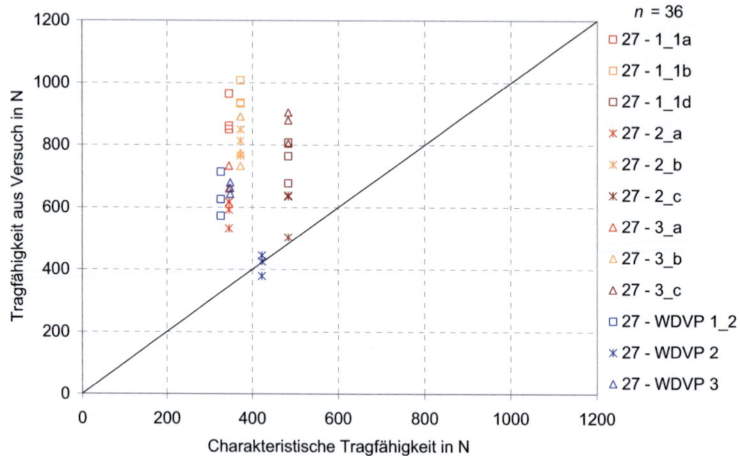

Bild 7-29   Versuchsergebnisse der Zugscherversuche mit Nägeln über den charakteristischen Werten

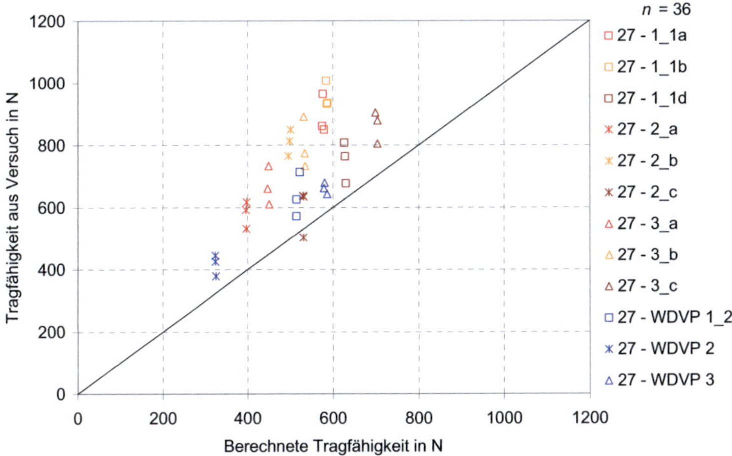

Bild 7-30   Versuchsergebnisse der Zugscherversuche mit Breitrückenklammern über den mit Mittelwerten der Lochleibungsfestigkeit berechneten Werten

7.4.7   Ermittlung der Verschiebungsmoduln von Holz-HFDP-Verbindungen

Entsprechend den Druckscherversuchen mit Schrauben zeigte sich für eine Auswertung der Zugscherversuche in Anlehnung an DIN EN 26891:1991 eine große Streuung unter den ermittelten Verschiebungsmoduln. In Bild 7-31 sind für die Versuche mit Nägeln die Verschiebungsmoduln über den zugehörigen Verschiebungen aufgetragen. Die Verschiebungsmoduln streuen zwischen k_s = 500 N/mm und k_s = 5500 N/mm. Der Korrelationskoeffizient der Verschiebungsmoduln mit einer Ausgleichskurve beträgt R = 0,979 und zeigt die Abhängigkeit der Verschiebungsmoduln von der zugehörigen Verschiebung. Werden die Verschiebungsmoduln an einer für alle Versuche konstanten Verschiebung ausgewertet, kann die Streuung der Verschiebungsmoduln reduziert werden. In Bild 7-31 sind die Verschiebungsmoduln für eine Auswertung bei v = 0,3 mm dargestellt. Die Verschiebungsmoduln streuen dann zwischen k_s = 1000 N/mm und k_s = 2000 N/mm. Im Weiteren wurden für alle Zugscherversuche die Verschiebungsmoduln bei v = 0,3 mm ausgewertet.

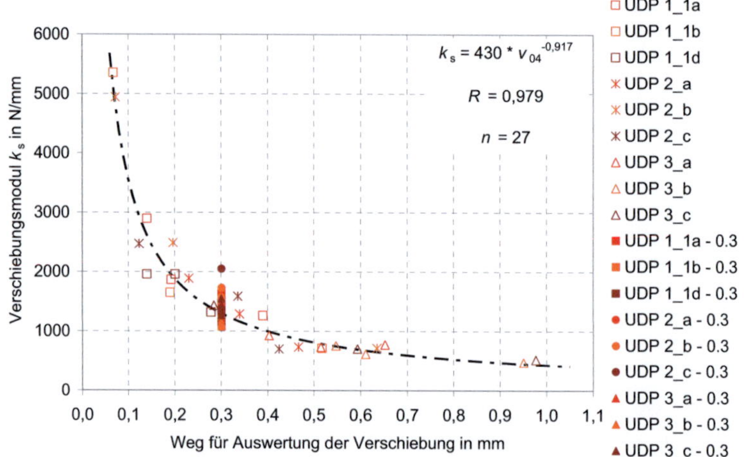

Bild 7-31   Verschiebungsmoduln über Anfangsverschiebung für Nägel; Auswertung nach DIN EN 26891:1991 sowie nach konstanter Anfangsverschiebung

Für die Bestimmung des Verschiebungsmoduls von Verbindungen mit stiftförmigen Verbindungsmitteln liegen bereits verschiedene Ansätze vor. Nach DIN 1052:2004-08 können Verschiebungsmoduln von Verbindungen in Abhängigkeit vom Verbindungsmitteltyp, vom Durchmesser des Verbindungsmittels und von den Rohdichten der verbundenen Bauteile berechnet werden. Für unterschiedliche Rohdichten ist das geometrische Mittel aus den Rohdichten der verbundenen Bauteile zu verwenden. Für Stahlblech-Holz- und Holz-Holzwerkstoff-Verbindungen ist die Rohdichte des Holzes einzusetzen. Dies ist mit der generell höheren Rohdichte von Holzwerkstoffen in Bezug auf die Rohdichte von Holz zu begründen. Für Klammern und Nägel können die Verschiebungsmoduln nach DIN 1052:2004-08 nach den Gleichungen (19) und (20) berechnet werden.

$$K_{ser} = \frac{\rho_k^{1,5}}{60} \cdot d^{0,8} \text{ in N/mm} \tag{19}$$

$$K_{ser} = \frac{\rho_k^{1,5}}{25} \cdot d^{0,8} \text{ in N/mm} \tag{20}$$

mit

ρ_k Charakteristische Rohdichte der miteinander verbundenen Teile in kg/m^3

d Stiftdurchmesser in mm

Weitere Ansätze für die Berechnung von Verschiebungsmoduln wurden in neueren Veröffentlichungen vorgestellt. Blaß und Uibel (2007) ermittelten Gleichung (21) für die Berechnung von Verschiebungsmoduln von Brettsperrholzverbindungen mit Stabdübeln. Dabei ist der Verschiebungsmodul abhängig von den mittleren Rohdichten und den Dicken der verbundenen Hölzer, vom Durchmesser des Verbindungsmittels und von einer fiktiven Fließspannung des Verbindungsmittels, die aus den Fließmomenten ermittelt wurde.

$$k_{\text{ser,pred}} = 9,3 \cdot 10^{-6} \cdot \rho^{0,81} \cdot d^{1,29} \cdot f_{\text{y,fiktiv}}^{1,89} \cdot \left(\frac{t_2}{t_1}\right)^{-0,14} \text{ in N/mm} \tag{21}$$

mit

ρ Mittlere Rohdichte der miteinander verbundenen Brettsperrhölzer in kg/m^3

d Durchmesser des Verbindungsmittels in mm

t_2 Dicke des Mittelholzes in mm

t_1 Dicke des Seitenholzes in mm

$f_{\text{y,fiktiv}}$ Fiktive Fließspannung des Verbindungsmittels in N/mm^2

Nach Blaß et al. (2006) kann der Verschiebungsmodul einer Stahlblech-Holz-Verbindung mit selbstbohrenden Holzschrauben für ein dünnes Stahlblech nach Gleichung (22) und für ein dickes Stahlblech nach Gleichung (23) berechnet werden.

$$K_{\text{ser,G}} = 0,037 \cdot \rho^{0,82} \cdot d^{1,41} \cdot t^{0,66} \text{ in N/mm} \tag{22}$$

$$K_{\text{ser,E}} = 0,31 \cdot \rho^{0,72} \cdot d^{1,54} \cdot t^{0,25} \cdot f_{\text{y,fiktiv}}^{0,16} \text{ in N/mm} \tag{23}$$

mit

ρ Rohdichte des Holzes in kg/m^3

d Durchmesser des Verbindungsmittels in mm

t Stahlblechdicke in mm

$f_{\text{y,fiktiv}}$ Fließspannung des Verbindungsmittels in N/mm^2

Mit einer multiplen Regressionsanalyse wurde aus den Verschiebungsmoduln der 90 durchgeführten Zugscherversuche Gleichung (24) für die Bestimmung des Verschiebungsmoduls hergeleitet. Die Versuchsergebnisse sind den mit Gleichung (24) be-rechneten Werten in Bild 7-32 unterteilt nach HFDP und in Bild 7-33 unterteilt nach Verbindungsmitteltyp gegenübergestellt.

$$K_{ser} = 1{,}25 \cdot \rho_{HFDP}^{0,80} \cdot \rho_{VH}^{0,30} \cdot t^{-0,32} \cdot d^{1,29} \text{ in N/mm} \tag{24}$$

mit

ρ_{HFDP} Rohdichte der Holzfaserdämmplatte in kg/m^3

ρ_{VH} Rohdichte der Vollholzrippe in kg/m^3

t Dicke der Holzfaserdämmplatte in mm

d Durchmesser des Verbindungsmittels in mm

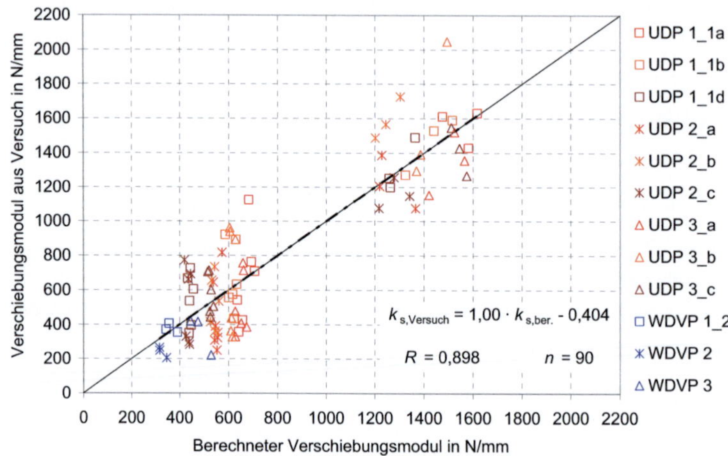

Bild 7-32   Verschiebungsmoduln über berechneten Verschiebungsmoduln (HFDP)

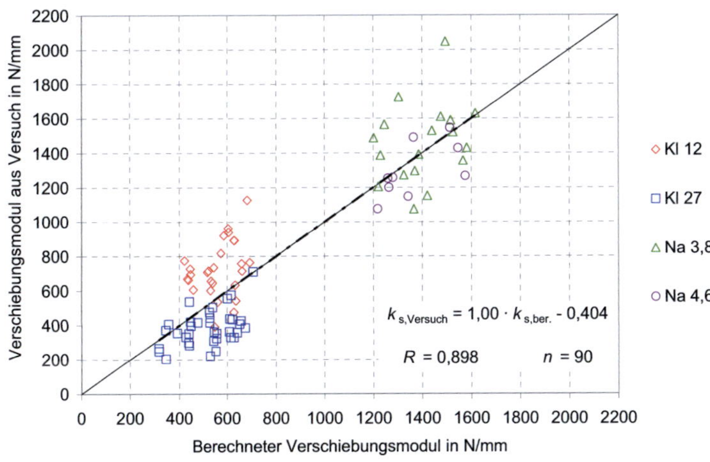

$$k_{s,\text{Versuch}} = 1{,}00 \cdot k_{s,\text{ber.}} - 0{,}404$$

$$R = 0{,}898 \qquad n = 90$$

Bild 7-33   Verschiebungsmoduln über berechneten Verschiebungsmoduln (VM)

8 Versuche mit Wand- und Dachscheiben in Bauteilgröße

8.1 Versuche mit Wandscheiben

Für unterschiedliche HFDP wurden die Schubfestigkeit sowie die Lochleibungsfestigkeit und die Kopf- bzw. Rückendurchziehtragfähigkeit von Verbindungsmitteln als
Eingangsgrößen für die Berechnung der Tragfähigkeit von Holztafeln ermittelt. Zur
Prüfung der Übertragbarkeit der Ergebnisse der Vorversuche in das Bemessungsverfahren nach DIN 1052:2004-08 wurden Versuche mit bauteilgroßen Wandscheiben
durchgeführt. Die Versuchskörper wurden in Anlehnung an Wandscheiben des am
Vorhaben beteiligten Fertighausherstellers geplant und an der Universität Karlsruhe
hergestellt. Die Materialien wurden vom beteiligten Fertighaushersteller zur Verfügung gestellt. Ein standardisiertes Wandelement des Fertighausherstellers ist in Bild
8-1 dargestellt. In Bild 8-2 ist der in Anlehnung an das standardisierte Wandelement
entworfene Versuchskörper zu sehen. Außer den Verbindungsmitteln zwischen den
Rippen und der Beplankung wurden keine weiteren Verbindungsmittel angeordnet.
Für den Versuch wurden jeweils zwei baugleiche Wandelemente verbunden und
symmetrisch belastet. Die Verbindung erfolgte im Zug- und Druckstoß durch gelenki-
ge Anschlüsse. Das Versuchsprinzip ist in Bild 8-3 dargestellt. In Bild 8-4 ist ein Versuchskörper im Versuchsaufbau zu sehen. Weitere Details des Versuchaufbaus sind
in Bild 12-17 bis Bild 12-19 dargestellt.

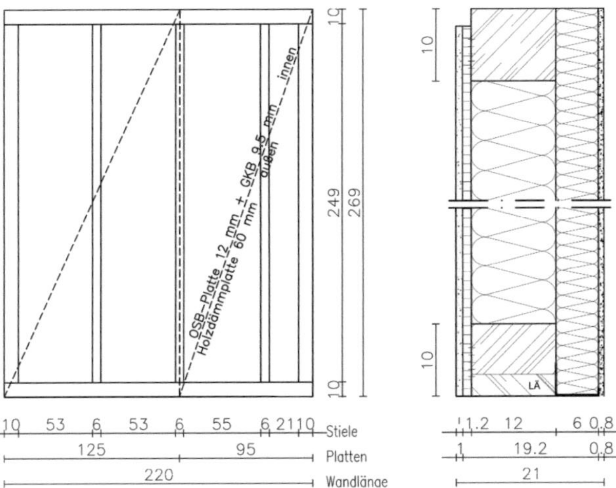

Bild 8-1   Standardisiertes Wandelement des beteiligten Fertighausherstellers

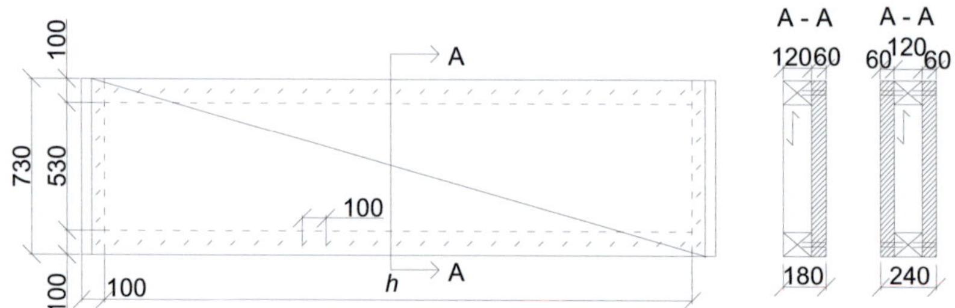

Bild 8-2   Versuchskörper für die Wandscheibenversuche (Schnitt A-A: Einseitig und beidseitig beplankte Holztafel)

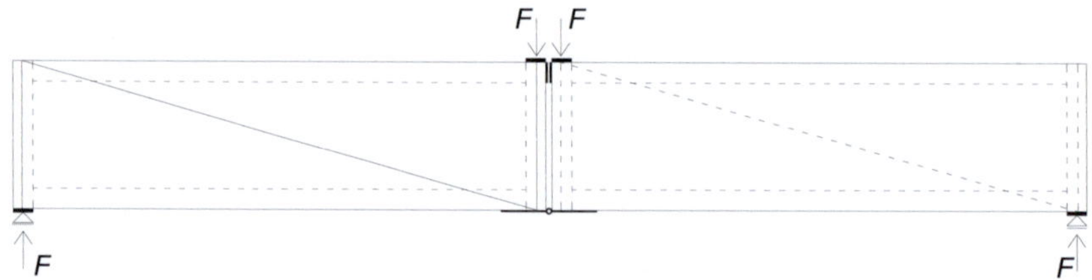

Bild 8-3   Versuchsprinzip der Wandscheibenversuche

Bild 8-4   Versuchsaufbau der Wandscheibenversuche

Insgesamt wurden acht Versuche mit jeweils zwei baugleichen Wandscheiben durchgeführt. Als Verbindungsmittel wurden in allen Versuchen Breitrückenklammern verwendet. In fünf Versuchen wurden Unterdeckplatten eingesetzt, deren Eigenschaften in Vorversuchen bestimmt wurden und in drei Versuchen eine Holzfaserdämmplatte, deren Eigenschaften über die Nennrohdichte hinaus nicht bekannt waren. Sechs Versuchskörper wurden mit einseitig beplankten Wandtafeln und zwei Versuchskörper mit beidseitig beplankten Wandtafeln hergestellt. In einem Versuch wurde ein Versuchskörper mit der HFDP und der Breitrückenklammer des beteiligten Fertighausherstellers geprüft. Die Höhe der Wandtafel wurde an die Länge der HFDP angepasst. Das Versuchsprogramm ist in Tabelle 8-1 zusammengefasst.

Tabelle 8-1   Versuchsprogramm der Wandscheibenversuche

Versuch	UDP	Dicke in mm	Beplankung	Breitrückenklammer	Höhe in mm
1	1_1a_I	18	Einseitig	A	2490
2	2_a_I	18	Einseitig	A	2490
3	3_a_I	18	Einseitig	A	2490
4	1_1d_II	36	Einseitig	A	2490
5	1_1d_II	36	Beidseitig	A	2490
6	4	60	Einseitig	A	2690
7	4	60	Einseitig	B	2690
8	4	60	Beidseitig	A	2690

Die Versuchsdurchführung und die Auswertung erfolgten in Anlehnung an DIN EN 594:1996. Ein Ausweichen der einseitig beplankten Tafeln rechtwinklig zur Tafelebene wurde verhindert. Die Gesamtdurchbiegung, die Relativverschiebung zwischen Zugstoß und Rippe und die Relativverschiebung zwischen Beplankung und Rippe wurden mit induktiven Wegaufnehmern gemessen. Die Verlängerung der Diagonalen der Wandtafel wurde mit Seilzugaufnehmern gemessen. Die Steifigkeiten der Wandtafeln wurden nach DIN EN 594:1996 durch Umrechnung der Diagonalenverlängerung ausgewertet. Hierfür wird der Versuchskörper nach dem Erreichen von 40% der geschätzten Traglast vollständig entlastet. Die Steifigkeit wird dann aus dem Mittelwert der beiden Anfangssteigungen zwischen 10% und 40% der Schätzlast berechnet. In Bild 12-5, Bild 12-7 und Bild 12-9 sind die Last-Verschiebungsdiagramme der Versuche dargestellt. Der Bereich der Auswertung der Steifigkeit ist in Bild 12-6, Bild 12-8 und Bild 12-10 dargestellt. In Tabelle 8-2 sind die je Wandtafel erreichten Maximallasten, die zugehörige Gesamtverschiebung und die Steifigkeiten zusammengestellt. Die Rohdichten und Holzfeuchten sind in Tabelle 12-91 bis Tabelle 12-93 zusammengestellt.

Die Wandtafeln der Versuche 1, 3 und 4 versagten bereits vor dem Erreichen einer Verschiebung von 100 mm. Im Versuch 1 wurde die Schubfestigkeit der UDP erreicht. Das Versagen des Versuchskörpers ist in Bild 8-5 dargestellt. Im Versuch 3 versagte die Wandtafel durch Rückendurchziehen der Breitrückenklammern. Das Versagen ist in Bild 8-6 dargestellt. Der Versuch 4 wurde als einseitig beplankter Versuchskörper als Testversuch ohne Aussteifung rechtwinklig zur Plattenebene durchgeführt und versagte vor dem Erreichen einer Gesamtverschiebung von 100 mm. Alle weiteren Versuchskörper erreichten eine Verschiebung von 100 mm und zeigten ein duktiles Versagensverhalten. Die Ergebnisse der Versuche sind in Tabelle 8-2 zusammengestellt.

Bild 8-5   Erreichen der Schubfestigkeit im Versuch 1 (UDP 1_1a_I)

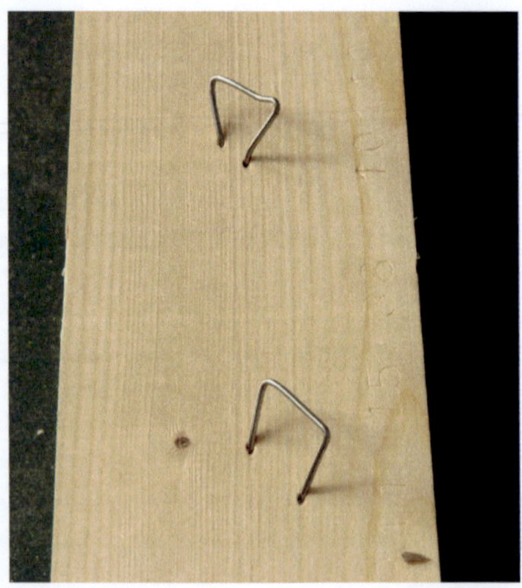

Bild 8-6   Kopfdurchziehen der Breitrückenklammer im Versuch 3 (UDP 3_a_I)

Tabelle 8-2 Ergebnisse der Wandscheibenversuche

Versuch	UDP	Dicke in mm	Beplankung	F_{max} in kN	v (F_{max}) in mm	K in kN/mm	γ in °	u in mm
1	1_1a_I	18	Einseitig	4,34	83,2	0,249	0,0486	0,552
2	2_a_I	18	Einseitig	5,42	100	0,490	0,0827	0,627
3	3_a_I	18	Einseitig	3,68	72,6	0,146	0,0494	0,366
4	1_1d_II	36	Einseitig	5,14	91,9	0,280	0,0390	0,200
5	1_1d_II	36	Beidseitig	10,9	100	0,871	0,0362	- (*)
6	4	60	Einseitig	5,53	100	0,375	0,0789	0,603
7	4	60	Einseitig	6,96	100	0,460	0,0711	0,542
8	4	60	Beidseitig	10,5	100	1,35	0,0005	1,01

(*) Im Versuch 5 wurde die Verformung u nicht gemessen

Zum Vergleich der Versuchsergebnisse mit den Ergebnissen der Vorversuche wurden die zu erwartenden Tragfähigkeiten in Anlehnung an DIN 1052:2004-08 berechnet. Für die Tragfähigkeit der Verbindung und die Schubfestigkeit wurden die Mittelwerte aus den Vorversuchen angesetzt. Für die noch nicht untersuchte HFDP wurden die Schubfestigkeit nach Gleichung (6), die Lochleibungsfestigkeit nach Gleichung (8) und die Rückendurchziehtragfähigkeit nach Gleichung (13) in Abhängigkeit von der Nennrohdichte berechnet. Mit der Lochleibungsfestigkeit und der Rückendurchziehtragfähigkeit wurde dann die Tragfähigkeit der Verbindung berechnet. Die Berechnung der Tragfähigkeiten der untersuchten Wandtafeln ist in Tabelle 8-3 zusammengestellt. In Bild 8-7 sind die Versuchsergebnisse über den berechneten Werten aufgetragen.

Tabelle 8-3　　　Berechnung der Vorhersagewerte

Versuch	1	2	3	4	5	6	7	8
UDP	1_1a_I	2_a_I	3_a_I	1_1d_II	1_1d_II	4	4	4
Beplankung	1-s.	1-s.	1-s.	1-s.	2-s.	1-s.	1-s.	2-s.
t in mm	18	18	18	36	36	60	60	60
k_{v1}	1,0	1,0	1,0	1,0	1,0	1,0	1,0	1,0
k_{v2}	0,33	0,33	0,33	0,33	0,50	0,33	0,33	0,50
a_r in mm	630	630	630	630	630	630	630	630
a_v in mm	100	100	100	100	100	100	100	100
$R_{Versuch}$ in N	669	815	650	758	758	-	-	-
$f_{v,mittel}$ in N/mm^2	0,70	1,08	0,62	0,71	0,71	-	-	-
ρ in kg/m^3	-	-	-	-	-	250	250	250
$f_{v,ber}$ in N/mm^2	-	-	-	-	-	0,70	0,70	0,70
$f_{h,ber}$ in N/mm^2	-	-	-	-	-	8,54	8,54	8,54
R_{la} in N	-	-	-	-	-	548	548	548
R_{ax} in N	-	-	-	-	-	1245	1245	1245
R_{ber} in N	-	-	-	-	-	822	822	822
$f_{v,0,VM}$ in N/mm	6,69	8,15	6,50	7,58	7,58	8,22	8,22	8,22
$f_{v,0,fv}$ in N/mm	4,16	6,42	3,68	8,43	12,8	13,9	13,9	21,0
$f_{v,0,Beulen}$ in N/mm	4,16	6,42	3,68	16,9	25,6	46,2	46,2	70,0
$f_{v,0,maßg.}$ in N/mm	4,16	6,42	3,68	7,58	7,58	8,22	8,22	8,22
R_{Tafel} in kN	2,62	4,04	2,32	4,78	9,55	5,18	5,18	10,4

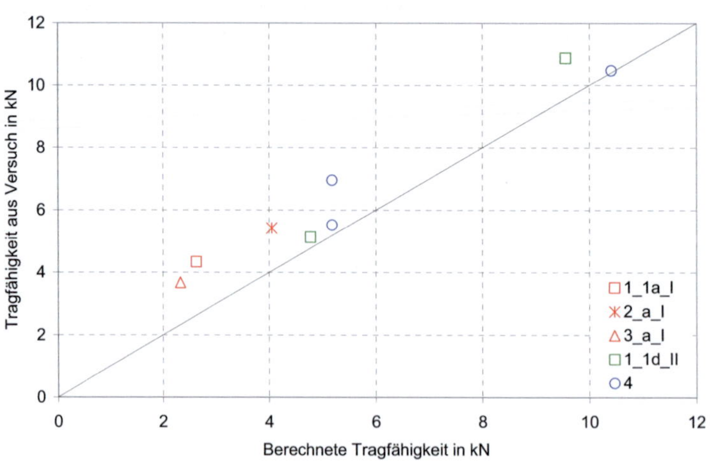

Bild 8-7　　　Versuchsergebnisse über Vorhersagewerten der Tragfähigkeit

Die Verformung von Wandtafeln kann nach Blaß et al. (2005) berechnet werden. Hierfür werden vier Verformungsanteile berücksichtigt. Der erste Verformungsanteil berücksichtigt die Verformung aufgrund der Beanspruchung der Verbindung, der zweite Verformungsanteil die Verformung aufgrund von Schub in der Beplankung, der dritte Verformungsanteil die Verformung aufgrund von Normalkraft in den Rippen und der vierte Verformungsanteil die Verformung aufgrund von Querdruck in der Schwelle. In die Berechnung des Verformungsanteils aufgrund der Beanspruchung der Verbindung gehen neben der Einwirkung und der Geometrie der Tafel der Abstand der Verbindungsmittel und der Verschiebungsmodul ein. In den Verformungsanteil aufgrund von Schub in der Beplankung gehen die Dicke der Beplankung und der Schubmodul der Beplankung ein. In den Verformungsanteil aufgrund von Querdruck in den Rippen geht der Elastizitätsmodul der Rippen ein. Der Elastizitätsmodul der Rippen wurde mit Hilfe der Längsschwingung vor dem Zusammenbau der Versuchskörper ermittelt. In den Verformungsanteil aufgrund von Querdruck in der Schwelle gehen die Querdruckfestigkeit und der Querdruckbeiwert ein. Die Querdruckfestigkeit wurde zu $f_{c,90} = 4$ N/mm^2 und der Querdruckbeiwert für Nadelvollholz und Schwellendruck nach DIN 1052:2004-08 zu $k_{c,90} = 1{,}25$ angenommen. Die berechneten Steifigkeiten sind in Tabelle 8-4 angegeben. In Bild 8-8 sind die ausgewerteten Steifigkeiten über den berechneten Steifigkeiten aufgetragen.

Tabelle 8-4   Berechnung der Steifigkeiten der Wandscheiben

Versuch	1	2	3	4	5	6	7	8
UDP	1_1a_I	2_a_I	3_a_I	1_1d_II	1_1d_II	4	4	4
Beplankung	1-s.	1-s.	1-s.	1-s.	2-s.	1-s.	1-s.	2-s.
t in mm	18	18	18	36	36	60	60	60
a_v in mm	100	100	100	100	100	100	100	100
a_r in mm	630	630	630	630	630	630	630	630
$G_{Versuch}$ in N/mm^2	199	304	178	172	172	-	-	-
G_{mean} in N/mm^2	-	-	-	-	-	300	300	300
$k_{s,Versuch}$	499	528	446	690	690	661	661	661
h in mm	2390	2390	2390	2390	2390	2590	2590	2590
ℓ in mm	630	630	630	630	630	630	630	630
E in N/mm^2	11500	10300	18500	12700	12500	15400	16200	14200
b' in mm	100	100	100	100	100	100	100	100
h' in mm	120	120	120	120	120	120	120	120
$f_{c,90}$ in N/mm^2	4	4	4	4	4	4	4	4
$k_{c,90}$	1,25	1,25	1,25	1,25	1,25	1,25	1,25	1,25
K_{ber} in kN/mm	0,226	0,255	0,206	0,320	0,639	0,331	0,332	0,658

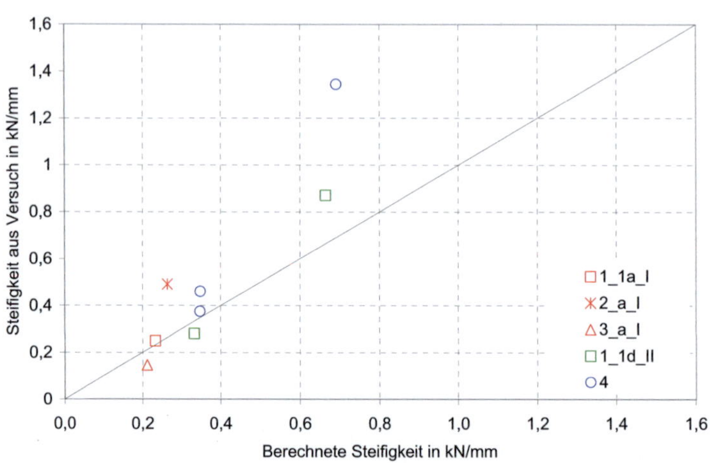

Bild 8-8   Versuchsergebnisse über Vorhersagewerten der Steifigkeit

Mit den Ergebnissen aus den Vorversuchen kann die Tragfähigkeit in Anlehnung an das Bemessungsverfahren nach DIN 1052:2004-08 abgeschätzt werden. Eingangsgrößen sind hierfür die Schubfestigkeit und die Tragfähigkeit der Verbindung, die in Vorversuchen ermittelt wurden. Liegen keine Ergebnisse aus Vorversuchen vor, können die Eingangsgrößen mit Hilfe der Nennrohdichte der HFDP und den ermittelten Gleichungen abgeschätzt werden. In zwei Versuchen mit Plattendicken von t = 18 mm versagten die Wandtafeln vor Erreichen einer Verschiebung von 100 mm. In den weiteren Versuchen wurde ein duktiles Tragverhalten bis zu einer Verschiebung von 100 mm erreicht. Für HFDP als Beplankung tragender Holztafeln wird daher empfohlen, im Nachweis den Versagensmechanismus Erreichen der Tragfähigkeit der Verbindung anzustreben.

Die Steifigkeit kann nach Blaß et al. (2005) abgeschätzt werden. Hierbei gehen der Schubmodul der HFDP und der Verschiebungsmodul in die Berechnung ein. Diese können in Versuchen ermittelt oder abgeschätzt werden. Mit Versuchen zur Ermittlung der Tragfähigkeit und Steifigkeit von HFDP und Verbindungen kann die Tragfähigkeit von Wandscheiben abgeschätzt werden. Zur Bestätigung sollten allerdings Versuche mit Wandtafeln in Bauteilgröße durchgeführt werden.

8.2 Versuche mit Dachscheiben

Für die Ermittlung der Tragfähigkeit und Steifigkeit von Dachscheiben wurden neun Versuche mit Dachscheiben in Bauteilgröße durchgeführt. Drei Versuchskörper wurden in Anlehnung an ein standardisiertes Dachelement des beteiligten Fertighausherstellers geplant. In Bild 8-9 ist ein Schnitt durch ein Dachelement des Fertighausherstellers und in Bild 8-10 der Versuchskörper dargestellt. Die Schrauben wurden in einem Prüfkörper standardmäßig unter einem Winkel in die Sparren eingedreht. Aufgrund der zu erwartenden geringeren Tragfähigkeiten wurde ein weiterer Versuchskörper mit rechtwinklig eingedrehten Schrauben geprüft. Im dritten Versuchskörper wurde eine UDP aus den Vorversuchen und rechtwinklig eingedrehte Schrauben verwendet.

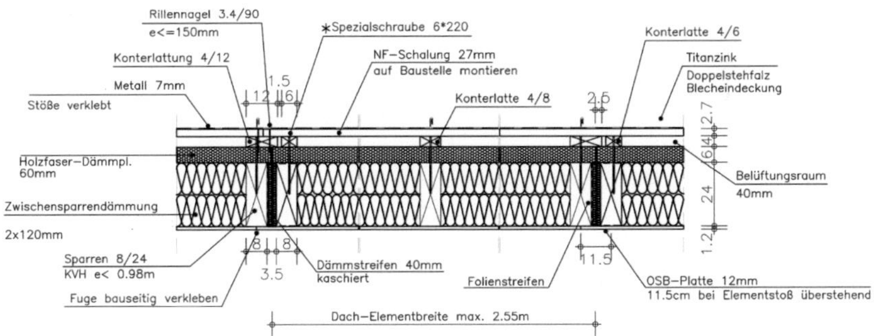

Bild 8-9   Dachelement des Fertighausherstellers

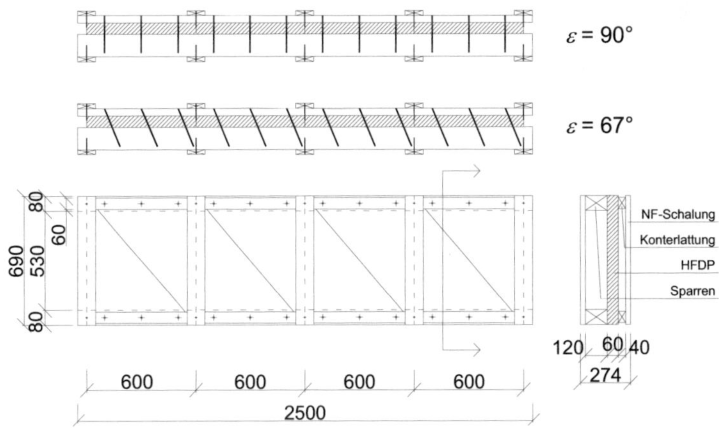

Bild 8-10   Versuchskörper für Dachscheibenversuche mit Schrauben

Sechs Versuchskörper wurden mit Nägeln hergestellt. Hierfür wurden drei UDP mit Plattendicken von 18 mm verwendet. In drei Versuchen wurde die Beplankung ohne Stoß eingebracht und in drei Versuchen wurde die Beplankung gestoßen. Dabei besaßen zwei UDP Nut und Feder und eine UDP wurde stumpf gestoßen. Die Versuchskörper mit gestoßener und ungestoßener Beplankung sind in Bild 8-11 und Bild 8-12 dargestellt. Das Versuchsprogramm der Dachscheibenversuche ist in Tabelle 8-5 zusammengefasst.

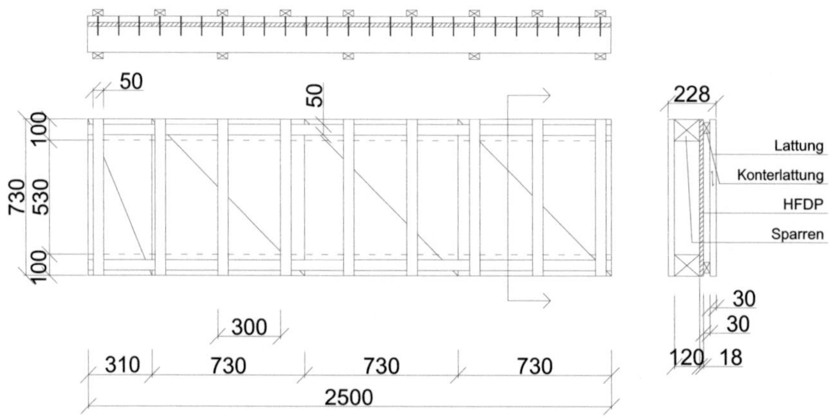

Bild 8-11   Versuchskörper für Dachscheibenversuche mit Nägeln (gestoßen)

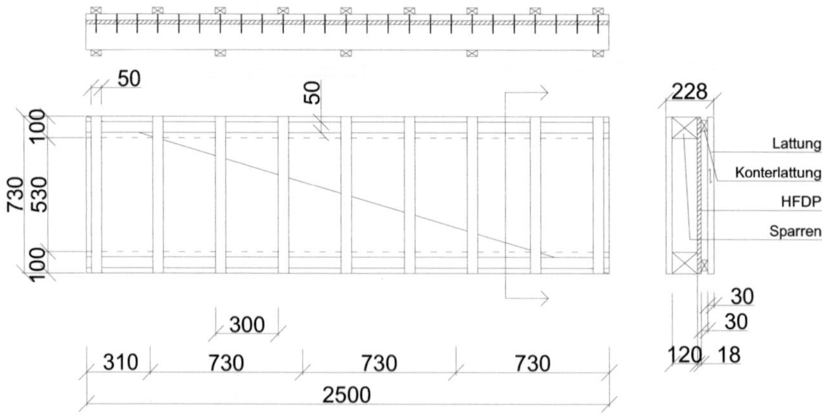

Bild 8-12   Versuchskörper für Dachscheibenversuche mit Nägeln (ungestoßen)

Tabelle 8-5   Versuche mit Dachscheiben

Versuch	UDP	t in mm	Anordnung der UDP	VM	ε in °
1	3_2	60	gestoßen	Schraube	67°
2	3_2	60	gestoßen	Schraube	90°
3	3_d_l	52	gestoßen	Schraube	90°
4	1_1a_l	18	gestoßen	Nagel	90°
5	2_a_l	18	gestoßen	Nagel	90°
6	3_a_l	18	gestoßen	Nagel	90°
7	1_1a_l	18	ungestoßen	Nagel	90°
8	2_a_l	18	ungestoßen	Nagel	90°
9	3_a_l	18	ungestoßen	Nagel	90°

Zwischen NF-Schalung bzw. Lattung und Konterlattung wurden zwei Lagen Folie eingelegt um die Reibung und das dadurch aufnehmbare Moment zu minimieren. So sollte ein möglichst gelenkiger Anschluss der Vertikalstäbe an die Träger erreicht werden und die Querkraft möglichst ausschließlich über die Beplankung abgetragen werden. In Bild 8-13 ist der Anschluss dargestellt. Wie in den Wandscheibenversuchen wurden zwei baugleiche Versuchskörper miteinander verbunden und geprüft. Der Versuchsaufbau ist in Bild 8-14 dargestellt.

Bild 8-13   Anschluss der NF-Schalung (Vertikalstäbe) an Konterlatte (Horizontalträger)

Bild 8-14   Versuchsaufbau der Dachscheibenversuche

Die Lasteinleitung in den Versuchskörper ist in Bild 12-20 zu sehen. Das Versagen in den Versuchskörpern mit gestoßener Beplankung stellte sich durch eine gegenseitige Verschiebung der benachbarten Platten ein und ist in Bild 8-15 dargestellt. Ein Versagen der einzelnen Platten wurde nicht beobachtet. Im Versuch 1 wurde aufgrund der auf Druck beanspruchten geneigt eingedrehten Schrauben eine Öffnung zwischen Beplankung und Rippe beobachtet. Im Vergleich zu rechtwinklig eingedrehten Schrauben ist die Tragfähigkeit um etwa 20% und die Steifigkeit um etwa 40% geringer. Die Tragfähigkeit von Dachscheiben mit ungestoßener Beplankung liegt im Mittel um etwa 90% über der Tragfähigkeit von Dachscheiben mit gestoßener Beplankung. Die Steifigkeit ist aufgrund der unterschiedlichen Tragfähigkeitsniveaus im Mittel etwa gleich. Die Ergebnisse der Dachscheibenversuche sind in Tabelle 8-6 zusammengestellt. Die Rohdichten und Holzfeuchten sind in Tabelle 12-94 bis Tabelle 12-96 zusammengefasst. In Bild 12-11, Bild 12-13 und Bild 12-15 sind die Last-Verschiebungsdiagramme der Versuche dargestellt. Der Bereich der Auswertung der Steifigkeit ist in Bild 12-12, Bild 12-14 und Bild 12-16 dargestellt.

Tabelle 8-6   Ergebnisse der Versuche mit Dachscheiben

Versuch	UDP	t in mm	Stoß	VM	ε in °	F_{max} in kN	$v\,(F_{max})$ in mm	K in kN/mm	γ in °	u in mm
1	3_2	60	Ja	Sr	67	2,73	100	0,785	1,52	0,280
2	3_2	60	Ja	Sr	90	3,54	100	1,42	1,20	0,256
3	3_d_l	52	Ja	Sr	90	3,82	100	1,66	1,62	0,360
4	1_1a_l	18	Ja	Na	90	2,78	100	1,37	1,84	0,143
5	2_a_l	18	Ja	Na	90	3,35	100	3,18	2,03	0,203
6	3_a_l	18	Ja	Na	90	2,38	100	2,22	1,77	0,114
7	1_1a_l	18	Nein	Na	90	5,41	65,4	2,18	0,285	0,308
8	2_a_l	18	Nein	Na	90	6,44	82,8	2,58	0,554	0,350
9	3_a_l	18	Nein	Na	90	4,66	88,2	1,60	0,257	0,330

In den Versuchen mit gestoßener Beplankung wurde die Tragfähigkeit durch eine Verschiebung der Beplankung in den Stößen erreicht. Die Tragfähigkeit von Dachtafeln ohne Stöße wurde durch ein Erreichen der Schubfestigkeit und der Tragfähigkeit der Verbindung erreicht. In Bild 8-16 ist das Versagen der Versuchskörper 7 und 9 gezeigt. In Bild 8-17 ist das Versagen im Versuch 8 dargestellt. Für die Entwicklung eines allgemeingültigen Bemessungsmodells sind weitere Untersuchungen erforderlich. Bislang können nach DIN 1052:2004-08 nur Wand- und Deckenscheiben mit Rähm nachgewiesen werden.

Bild 8-15   Versagensbild in den Versuchen 1 bis 6

Bild 8-16   Versagensbild in den Versuchen 7 und 9

Bild 8-17   Versagensbild im Versuch 8

9 Zusammenfassung

Für einen Einsatz von HFDP als tragende Beplankung in aussteifenden Holztafeln ist der Nachweis der Scheibenbeanspruchung zu führen. Hierbei ist nachzuweisen, dass die längenbezogene Schubfestigkeit größer ist als der einwirkende Schubfluss. Für die Berechnung der längenbezogenen Schubfestigkeit sind die Schubfestigkeit von HFDP und die Tragfähigkeit von Verbindungen notwendig. Für die Berechnung von Verformungen und den Nachweis der Gebrauchstauglichkeit sind der Schubmodul der Beplankung und der Verschiebungsmodul von Verbindungen erforderlich. In Versuchen wurden an unterschiedlichen Typen von HFDP die Schubfestigkeiten und Schubmoduln ermittelt.

In Grundlagenversuchen wurde die Lochleibungsfestigkeit von Nägeln in HFDP ermittelt. Die Übertragung der Ergebnisse auf Klammern und Schrauben ist näherungsweise möglich. In weiteren Versuchen wurden die Rückendurchziehtragfähigkeit von Breitrückenklammern und die Kopfdurchziehtragfähigkeit einer Schraube mit Halteteller untersucht. In Druck- und Zugscherversuchen wurden die Ergebnisse aus den Grundlagenversuchen verifiziert und Verschiebungsmoduln von Holz-HFDP-Verbindungen ermittelt. Hierfür wurde die Berechnung von Verbindungen nach der Theorie von Johansen erweitert und eine modifizierte Auswertung der Verschiebungsmoduln vorgeschlagen.

In Versuchen mit bauteilgroßen Versuchskörpern wurden das Trag- und Verformungsverhalten von mit HFDP beplankten Wand- und Dachtafeln untersucht. Die Wandtafeln wurden mit Breitrückenklammern und Unterdeckplatten hergestellt. Die Tragfähigkeit kann mit den Ergebnissen aus den Vorversuchen abgeschätzt und die Bemessung nach DIN 1052:2004-08 durchgeführt werden. Hierfür werden charakteristische Werte der Eingangsparameter in die Bemessung vorgeschlagen. Die Verformung kann mit den ermittelten Ergebnissen abgeschätzt werden.

Für die Untersuchung von Dachscheiben wurden Versuchskörper mit Schrauben und Nägeln hergestellt. Die Tragfähigkeiten und Steifigkeiten wurden ausgewertet. Für die Entwicklung eines Bemessungsverfahrens sind weitere Untersuchungen notwendig.

Alle Versuche wurden in NKL 1 nach DIN 1052:2004-08 durchgeführt. Für eine Übertragung der Ergebnisse in NKL 2 sind ebenfalls weitere Untersuchungen erforderlich.

10 Literatur

Blaß, H.J.; Bejtka. I.; Uibel, T. (2006): Tragfähigkeit von Verbindungen mit selbstbohrenden Holzschrauben mit Vollgewinde, Karlsruher Berichte zum Ingenieurholzbau, Band 4, Lehrstuhl für Ingenieurholzbau und Baukonstruktionen (Hrsg.), Universitätsverlag Karlsruhe, ISSN 1860-093X, ISBN 3-86644-034-0

Blaß, H.J.; Ehlbeck, J.; Kreuzinger, H.; Steck, G. (2005). Text und Erläuterungen zur DIN 1052:2004-08. Bruderverlag Albert Bruder, 2005. ISBN 3-87104-146-7

Blaß, H.J.; Uibel, T. (2007): Tragfähigkeit von stiftförmigen Verbindungsmitteln in Brettsperrholz, Karlsruher Berichte zum Ingenieurholzbau, Band 8, Lehrstuhl für Ingenieurholzbau und Baukonstruktionen (Hrsg.), Universitätsverlag Karlsruhe, ISSN 1860-093X, ISBN 978-3-86644-129-3

Johansen, K.W. (1949): Theory of timber connections. In: International Association for Bridge and Structural Engineering, Vol. 9, S. 249-262

11 Verwendete Normen

DIN 1052, Ausgabe August 2004. Entwurf, Berechnung und Bemessung von Holzbauwerken – Allgemeine Bemessungsregeln und Bemessungsregeln für den Hochbau

DIN EN 383, Ausgabe Oktober 1993. Holzbauwerke – Prüfverfahren – Bestimmung der Lochleibungsfestigkeit und Bettungswerte für stiftförmige Verbindungsmittel

DIN EN 409, Ausgabe Oktober 1993. Holzbauwerke – Prüfverfahren – Bestimmung des Fließmomentes von stiftförmigen Verbindungsmitteln; Nägel

DIN EN 594, Ausgabe Juli 1996. Holzbauwerke – Prüfverfahren – Wandscheiben-Tragfähigkeit und -Steifigkeit von Wänden in Holztafelbauart

DIN EN 789, Ausgabe Januar 2005. Holzbauwerke – Prüfverfahren – Bestimmung der mechanischen Eigenschaften von Holzwerkstoffen

DIN EN 1381, Ausgabe März 2000. Holzbauwerke – Prüfverfahren – Tragende Klammerverbindungen

DIN EN 1383, Ausgabe März 2000. Holzbauwerke – Prüfverfahren – Prüfung von Holzverbindungsmitteln auf Kopfdurchziehen

DIN EN 14358, Ausgabe März 2007. Holzbauwerke – Berechnung der 5%-Quantile für charakteristische Werte und Annahmekriterien für Proben

DIN EN 26891, Ausgabe Juli 1991. Holzbauwerke – Verbindungen mit mechanischen Verbindungsmitteln – Allgemeine Grundsätze für die Ermittlung der Tragfähigkeit und des Verformungsverhaltens (ISO 6891:1983)

12 Anhang

12.1 Versuche zur Ermittlung der Schubeigenschaften

Tabelle 12-1   Mittlere Ergebnisse der Schubversuche

HFDP	n	F_{max} in kN	$v\,(F_{max})$ in mm	f_v in N/mm^2	G in N/mm^2	ρ in kg/m^3	u in %
UDP_1_1a	12	12,4	0,25	1,22	681	290	9,2
UDP_1_1b	12	14,1	0,32	1,14	458	281	8,9
UDP_1_1c	12	10,7	0,25	0,71	362	232	9,6
UDP_1_1d	12	12,3	0,20	0,65	398	227	9,6
UDP_1_2	12	14,8	0,20	0,54	344	213	9,2
UDP_2_a	12	6,27	0,35	0,62	370	226	9,1
UDP_2_b	12	9,82	0,33	0,82	441	241	8,9
UDP_2_c	12	9,36	0,12	0,47	423	221	9,4
UDP_3_a	12	8,00	0,29	0,85	392	278	7,3
UDP_3_b	8	9,53	0,26	0,82	481	282	7,3
UDP_3_c	12	14,2	0,10	0,75	436	281	7,9
WDVP_1_1	12	7,22	0,26	0,33	250	159	9,2
WDVP_1_2	12	8,56	0,16	0,39	355	183	9,5
WDVP_2	12	5,60	0,18	0,17	271	187	10,3
WDVP_3	12	9,77	0,22	0,45	340	260	7,9
DP_1	8	2,65	0,07	0,12	343	121	9,5
DP_2	12	3,30	0,16	0,15	331	172	10,3
DP_3	12	3,78	0,08	0,17	361	154	9,2
Mittelwert		9,02	0,21	0,58	391	223	9,0
Minimum		2,65	0,07	0,12	250	121	7,3
Maximum		14,8	0,35	1,22	681	290	10,3
Standardabweichung		3,73	0,08	0,33	94	51,2	0,88
Variationskoeffizient in %		41,3	40,2	56,8	24,1	23,0	9,77

Tabelle 12-2   Daten der Versuchsreihe UDP 1_1a

Versuch	F_{max} in kN	$v\,(F_{max})$ in mm	f_v in N/mm^2	G in N/mm^2	ρ in kg/m^3	u in %
1	13,9	0,16	1,38	(1254)	315	9,5
2	13,0	0,17	1,30	833	314	9,5
3	13,6	0,17	1,34	823	314	9,2
4	12,8	0,30	1,29	754	315	9,3
5	11,1	0,33	1,10	621	274	9,4
6	11,8	0,31	1,17	494	284	9,6
7	11,5	0,24	1,13	613	280	8,9
8	11,8	0,24	1,16	598	280	9,1
9	12,5	0,23	1,21	715	281	9,1
10	12,4	0,27	1,20	751	279	9,2
11	11,6	0,20	1,14	808	275	8,8
12	12,4	0,33	1,22	484	275	8,8
Mittelwert	12,4	0,25	1,22	681	290	9,2
Minimum	11,1	0,16	1,10	484	274	8,8
Maximum	13,9	0,33	1,38	833	315	9,6
Standardabweichung	0,85	0,06	0,09	126	18	0,26
Variationskoeffizient in %	6,90	25,1	7,38	18,5	6,13	2,86
Charakteristischer Wert			1,05		255	

Tabelle 12-3   Daten der Versuchsreihe UDP 1_1b

Versuch	F_{max} in kN	$v\,(F_{max})$ in mm	f_v in N/mm^2	G in N/mm^2	ρ in kg/m^3	u in %
1	13,4	0,29	1,08	506	269	9,1
2	14,5	0,39	1,15	436	276	9,0
3	14,2	0,39	1,14	384	279	8,8
4	13,6	0,28	1,10	488	280	8,9
5	17,1	0,27	1,38	(704)	299	8,9
6	15,0	0,31	1,20	491	283	9,2
7	14,3	0,23	1,17	(675)	283	8,9
8	14,4	0,31	1,19	515	286	8,6
9	13,2	0,37	1,08	423	283	9,0
10	13,4	0,36	1,09	429	278	8,6
11	13,1	0,46	1,07	404	280	8,7
12	12,9	0,23	1,05	507	283	8,6
Mittelwert	14,1	0,32	1,14	450	281	8,9
Minimum	12,9	0,23	1,05	384	269	8,6
Maximum	17,1	0,46	1,38	515	299	9,2
Standardabweichung	1,14	0,07	0,09	48	7	0,19
Variationskoeffizient in %	8,07	22,3	7,79	10,5	2,50	2,16
Charakteristischer Wert			0,98		267	

Tabelle 12-4   Daten der Versuchsreihe UDP 1_1c

Versuch	F_{max} in kN	$v\,(F_{max})$ in mm	f_v in N/mm^2	G in N/mm^2	ρ in kg/m^3	u in %
1	11,1	0,29	0,73	391	235	9,4
2	10,5	0,16	0,69	438	228	9,5
3	9,98	0,29	0,65	327	224	9,5
4	10,4	0,12	0,68	365	229	9,6
5	11,5	0,35	0,76	382	228	9,7
6	11,1	0,25	0,73	451	222	9,8
7	13,3	0,18	0,87	(787)	231	9,6
8	13,0	0,30	0,85	340	241	9,6
9	8,79	0,22	0,58	344	233	9,8
10	9,94	0,21	0,65	357	241	9,7
11	9,97	0,37	0,66	271	234	9,8
12	9,45	0,22	0,62	317	237	9,8
Mittelwert	10,7	0,25	0,71	362	232	9,6
Minimum	8,79	0,12	0,58	271	222	9,4
Maximum	13,3	0,37	0,87	451	241	9,8
Standardabweichung	1,35	0,08	0,09	52	6,19	0,14
Variationskoeffizient in %	12,6	30,8	12,2	14,5	2,67	1,42
Charakteristischer Wert			0,55		219	

Tabelle 12-5   Daten der Versuchsreihe UDP 1_1d

Versuch	F_{max} in kN	$v\,(F_{max})$ in mm	f_v in N/mm^2	G in N/mm^2	ρ in kg/m^3	u in %
1	12,1	0,04	0,63	311	225	9,9
2	13,1	0,24	0,69	346	224	9,7
3	11,5	0,17	0,60	(640)	228	9,2
4	11,7	0,21	0,62	354	232	9,3
5	13,9	0,23	0,73	430	224	9,8
6	13,7	0,15	0,72	501	226	10,0
7	12,8	0,23	0,66	385	230	9,4
8	13,2	0,23	0,68	458	222	9,3
9	11,9	0,12	0,63	534	232	10,1
10	11,3	0,28	0,60	420	222	9,9
11	11,1	0,23	0,59	339	223	9,5
12	11,7	0,27	0,62	306	231	9,6
Mittelwert	12,3	0,20	0,65	398	227	9,6
Minimum	11,1	0,04	0,59	306	222	9,2
Maximum	13,9	0,28	0,73	534	232	10,1
Standardabweichung	0,96	0,07	0,05	76,5	3,81	0,28
Variationskoeffizient in %	7,82	35,1	7,37	19,2	1,68	2,93
Charakteristischer Wert			0,56		219	

Tabelle 12-6   Daten der Versuchsreihe UDP 1_2

Versuch	F_{max} in kN	$v\,(F_{max})$ in mm	f_v in N/mm²	G in N/mm²	ρ in kg/m³	u in %
1	15,8	0,18	0,57	354	212	9,3
2	16,0	0,25	0,58	306	215	9,2
3	16,0	0,23	0,58	310	207	9,4
4	15,0	0,26	0,55	330	213	9,3
5	15,2	0,21	0,55	385	208	9,4
6	12,4	0,28	0,45	274	212	9,4
7	14,4	0,24	0,53	347	212	9,2
8	14,6	0,28	0,53	290	209	9,1
9	15,8	0,13	0,57	(604)	222	9,1
10	14,6	0,20	0,53	350	218	9,1
11	14,5	0,08	0,53	(821)	220	9,2
12	13,0	0,06	0,47	496	208	9,1
Mittelwert	14,8	0,20	0,54	344	213	9,2
Minimum	12,4	0,06	0,45	274	207	9,1
Maximum	16,0	0,28	0,58	496	222	9,4
Standardabweichung	1,15	0,08	0,04	63	4,79	0,12
Variationskoeffizient in %	7,78	37,8	7,73	18,2	2,25	1,34
Charakteristischer Wert			0,45		203	

Tabelle 12-7   Daten der Versuchsreihe UDP 2_a

Versuch	F_{max} in kN	$v\,(F_{max})$ in mm	f_v in N/mm²	G in N/mm²	ρ in kg/m³	u in %
1	6,40	0,39	0,62	282	227	9,9
2	5,96	0,43	0,58	348	225	9,9
3	6,52	0,34	0,63	458	227	8,4
4	6,36	0,36	0,62	416	225	8,6
5	6,42	0,49	0,62	333	224	9,4
6	6,24	0,41	0,61	284	229	9,6
7	5,90	0,25	0,59	422	223	8,6
8	6,32	0,23	0,63	436	230	8,7
9	6,06	0,31	0,60	349	224	9,3
10	6,41	0,35	0,64	351	226	9,4
11	6,41	0,26	0,65	420	227	8,9
12	6,28	0,37	0,63	346	227	8,7
Mittelwert	6,27	0,35	0,62	370	226	9,1
Minimum	5,90	0,23	0,58	282	223	8,4
Maximum	6,52	0,49	0,65	458	230	9,9
Standardabweichung	0,20	0,08	0,02	58,5	2,06	0,53
Variationskoeffizient in %	3,15	22,1	3,16	15,8	0,91	5,85
Charakteristischer Wert			0,58		222	

Tabelle 12-8   Daten der Versuchsreihe UDP 2_b

Versuch	F_{max} in kN	$v\,(F_{max})$ in mm	f_v in N/mm^2	G in N/mm^2	ρ in kg/m^3	u in %
1	10,1	0,32	0,85	533	240	9,4
2	9,94	0,26	0,83	548	239	8,8
3	9,74	0,35	0,82	451	240	9,1
4	9,84	0,30	0,82	420	240	8,8
5	10,0	0,23	0,84	(738)	241	9,0
6	9,62	0,15	0,80	467	243	9,2
7	9,84	0,34	0,83	338	241	8,7
8	9,92	0,33	0,84	(674)	243	8,7
9	9,60	0,38	0,81	426	240	9,0
10	9,79	0,31	0,82	406	241	8,8
11	9,72	0,52	0,81	442	242	8,9
12	9,69	0,43	0,81	376	242	8,5
Mittelwert	9,82	0,33	0,82	441	241	8,9
Minimum	9,60	0,15	0,80	338	239	8,5
Maximum	10,1	0,52	0,85	548	243	9,4
Standardabweichung	0,15	0,10	0,01	64	1,32	0,24
Variationskoeffizient in %	1,53	29,0	1,72	14,6	0,55	2,71
Charakteristischer Wert			0,79		238	

Tabelle 12-9   Daten der Versuchsreihe UDP 2_c

Versuch	F_{max} in kN	$v\,(F_{max})$ in mm	f_v in N/mm^2	G in N/mm^2	ρ in kg/m^3	u in %
1	8,34	0,15	0,43	(677)	216	9,9
2	8,42	0,07	0,42	(2281)	217	10,4
3	9,60	0,18	0,49	268	215	9,1
4	9,25	0,25	0,46	587	223	8,7
5	9,85	0,04	0,49	(1349)	224	9,9
6	9,81	0,05	0,49	(860)	221	9,9
7	9,49	0,18	0,47	359	224	8,8
8	9,55	0,06	0,47	(1146)	222	8,8
9	9,39	0,07	0,47	(2246)	222	9,8
10	8,96	0,14	0,44	(769)	221	10,0
11	9,24	0,18	0,46	479	222	8,9
12	10,5	0,11	0,51	(3202)	221	8,8
Mittelwert	9,36	0,12	0,47	423	221	9,4
Minimum	8,34	0,04	0,42	268	215	8,7
Maximum	10,5	0,25	0,51	587	224	10,4
Standardabweichung	0,60	0,07	0,03	139	3,08	0,61
Variationskoeffizient in %	6,38	54,2	5,96	32,8	1,39	6,46
Charakteristischer Wert			0,41		214	

Tabelle 12-10   Daten der Versuchsreihe UDP 3_a

Versuch	F_{max} in kN	$v\,(F_{max})$ in mm	f_v in N/mm^2	G in N/mm^2	ρ in kg/m^3	u in %
1	6,83	0,29	0,73	378	270	7,2
2	8,28	0,32	0,89	395	278	7,0
3	7,81	0,31	0,83	409	272	7,4
4	7,55	0,31	0,81	376	275	7,3
5	8,05	0,30	0,85	340	289	6,8
6	8,22	0,28	0,86	399	287	6,9
7	8,79	0,29	0,93	361	293	7,2
8	8,45	0,33	0,88	329	286	7,2
9	7,58	0,19	0,80	453	267	7,7
10	8,14	0,26	0,87	473	271	7,4
11	8,25	0,27	0,87	378	278	7,5
12	8,07	0,29	0,86	418	270	7,6
Mittelwert	8,00	0,29	0,85	392	278	7,3
Minimum	6,83	0,19	0,73	329	267	6,8
Maximum	8,79	0,33	0,93	473	293	7,7
Standardabweichung	0,51	0,04	0,05	42,3	8,66	0,28
Variationskoeffizient in %	6,34	12,6	5,90	10,8	3,12	3,88
Charakteristischer Wert			0,75		260	

Tabelle 12-11   Daten der Versuchsreihe UDP 3_b

Versuch	F_{max} in kN	$v\,(F_{max})$ in mm	f_v in N/mm^2	G in N/mm^2	ρ in kg/m^3	u in %
1	10,2	0,32	0,87	429	286	7,1
2	9,56	0,25	0,81	528	283	7,4
3	8,83	0,27	0,76	590	280	7,4
4	10,4	0,29	0,88	373	291	7,4
5	10,2	0,23	0,87	508	280	7,1
6	9,74	0,25	0,84	532	277	7,4
7	8,78	0,31	0,76	372	276	7,1
8	8,55	0,15	0,73	512	280	7,6
Mittelwert	9,53	0,26	0,82	481	282	7,3
Minimum	8,55	0,15	0,73	372	276	7,1
Maximum	10,4	0,32	0,88	590	291	7,6
Standardabweichung	0,72	0,05	0,06	79,7	5,08	0,20
Variationskoeffizient in %	7,57	20,8	7,44	16,6	1,80	2,72
Charakteristischer Wert			0,69		271	

Tabelle 12-12 Daten der Versuchsreihe UDP 3_c

Versuch	F_{max} in kN	$v\,(F_{max})$ in mm	f_v in N/mm^2	G in N/mm^2	ρ in kg/m^3	u in %
1	14,5	0,01	0,76	(1798)	280	7,8
2	15,1	0,06	0,80	(1096)	281	7,4
3	14,2	0,01	0,74	(750)	289	8,1
4	14,8	0,04	0,77	(867)	286	8,3
5	13,8	0,19	0,73	(695)	278	7,7
6	15,0	0,26	0,79	372	284	8,2
7	13,5	0,11	0,71	416	288	8,2
8	14,1	0,15	0,75	475	287	8,1
9	13,3	0,01	0,70	(660)	271	7,9
10	14,8	0,10	0,78	481	274	7,9
11	14,2	0,15	0,75	(643)	280	8,0
12	12,6	(-0,01)	0,67	(819)	278	7,9
Mittelwert	14,2	0,10	0,75	436	281	7,9
Minimum	12,6	0,01	0,67	372	271	7,4
Maximum	15,1	0,26	0,80	481	289	8,3
Standardabweichung	0,8	0,08	0,04	52	5,79	0,24
Variationskoeffizient in %	5,31	83,5	5,24	11,8	2,06	3,02
Charakteristischer Wert			0,67		269	

Tabelle 12-13 Daten der Versuchsreihe WDVP 1_1

Versuch	F_{max} in kN	$v\,(F_{max})$ in mm	f_v in N/mm^2	G in N/mm^2	ρ in kg/m^3	u in %
1	6,68	0,08	0,30	481	155	9,4
2	6,98	0,29	0,32	237	153	9,4
3	7,05	0,27	0,32	167	157	9,4
4	6,83	0,28	0,31	182	155	9,3
5	7,84	0,18	0,36	493	162	9,0
6	7,62	0,33	0,35	222	165	9,0
7	7,67	0,28	0,36	217	165	9,0
8	8,08	0,54	0,37	143	168	9,1
9	6,82	0,19	0,32	228	162	9,5
10	6,97	0,36	0,32	138	155	9,4
11	6,73	0,19	0,31	206	159	9,5
12	7,36	0,07	0,34	286	156	8,7
Mittelwert	7,22	0,26	0,33	250	159	9,2
Minimum	6,68	0,07	0,30	138	153	8,7
Maximum	8,08	0,54	0,37	493	168	9,5
Standardabweichung	0,48	0,13	0,02	118	4,89	0,26
Variationskoeffizient in %	6,60	50,2	7,14	47,3	3,07	2,84
Charakteristischer Wert			0,29		149	

Tabelle 12-14   Daten der Versuchsreihe WDVP 1_2

Versuch	F_{max} in kN	$v\,(F_{max})$ in mm	f_v in N/mm^2	G in N/mm^2	ρ in kg/m^3	u in %
1	7,49	0,15	0,34	328	180	9,6
2	8,76	0,18	0,40	(14981)	180	9,4
3	8,74	0,19	0,40	(2818)	186	9,6
4	9,37	(-0,02)	0,43	362	180	9,5
5	7,49	(-0,03)	0,34	318	183	9,7
6	9,15	(-0,04)	0,42	(1455)	187	9,7
7	9,34	0,07	0,42	445	184	9,2
8	10,2	0,36	0,47	(4066)	185	9,3
9	8,53	0,23	0,39	(1498)	186	9,5
10	7,57	0,01	0,34	(952)	181	9,5
11	8,39	0,17	0,38	319	182	9,4
12	7,69	0,09	0,35	(1056)	182	9,2
Mittelwert	8,56	0,16	0,39	355	183	9,5
Minimum	7,49	0,01	0,34	318	180	9,2
Maximum	10,2	0,36	0,47	445	187	9,7
Standardabweichung	0,88	0,10	0,04	54	2	0,2
Variationskoeffizient in %	10,3	64,0	10,2	15,2	1,32	1,82
Charakteristischer Wert			0,31		178	

Tabelle 12-15   Daten der Versuchsreihe WDVP 2

Versuch	F_{max} in kN	$v\,(F_{max})$ in mm	f_v in N/mm^2	G in N/mm^2	ρ in kg/m^3	u in %
1	6,14	0,35	0,19	(1319)	187	10,2
2	6,09	(-0,04)	0,18	(-9072)	192	10,1
3	5,71	0,22	0,17	206	186	10,5
4	5,15	0,15	0,16	206	188	10,3
5	5,32	0,11	0,16	343	188	10,3
6	6,54	0,21	0,20	287	182	10,6
7	5,51	0,34	0,17	317	185	10,3
8	5,35	0,13	0,16	183	186	10,4
9	4,58	0,15	0,14	164	187	10,5
10	5,86	0,12	0,18	323	184	10,3
11	5,71	0,05	0,17	409	187	10,2
12	5,19	0,12	0,16	(695)	185	10,1
Mittelwert	5,60	0,18	0,17	271	187	10,3
Minimum	4,58	0,05	0,14	164	182	10,1
Maximum	6,54	0,35	0,20	409	192	10,6
Standardabweichung	0,53	0,10	0,02	84	2,52	0,17
Variationskoeffizient in %	9,47	54,8	9,46	31,2	1,35	1,62
Charakteristischer Wert			0,14		181	

Tabelle 12-16   Daten der Versuchsreihe WDVP 3

Versuch	F_{max} in kN	$v\,(F_{max})$ in mm	f_v in N/mm^2	G in N/mm^2	ρ in kg/m^3	u in %
1	10,0	0,16	0,46	380	253	8,3
2	9,94	0,12	0,46	540	248	8,1
3	10,6	0,25	0,49	364	251	8,1
4	10,4	0,22	0,48	407	254	8,6
5	9,28	0,26	0,43	304	263	7,8
6	10,2	0,28	0,47	253	264	7,7
7	10,9	0,22	0,51	345	263	7,8
8	9,50	0,22	0,44	341	263	7,7
9	8,99	0,22	0,42	290	269	8,1
10	9,34	0,26	0,43	317	269	7,9
11	10,2	0,16	0,47	(734)	262	7,6
12	7,80	0,24	0,36	201	265	7,6
Mittelwert	9,77	0,22	0,45	340	260	7,9
Minimum	7,80	0,12	0,36	201	248	7,6
Maximum	10,9	0,28	0,51	540	269	8,6
Standardabweichung	0,85	0,05	0,04	88	7,06	0,31
Variationskoeffizient in %	8,68	21,5	8,72	25,9	2,71	3,87
Charakteristischer Wert			0,37		246	

Tabelle 12-17   Daten der Versuchsreihe DP 1

Versuch	F_{max} in kN	$v\,(F_{max})$ in mm	f_v in N/mm^2	G in N/mm^2	ρ in kg/m^3	u in %
1	2,58	0,05	0,12	(747)	119	9,6
2	2,38	0,10	0,11	500	122	9,4
3	2,99	(-0,05)	0,14	(2308)	123	9,6
4	2,51	0,12	0,12	262	118	9,7
5	2,81	0,02	0,13	443	125	9,6
6	2,66	(-0,05)	0,12	244	123	9,4
7	2,61	0,08	0,12	(971)	121	9,5
8	2,68	0,03	0,13	267	120	9,4
Mittelwert	2,65	0,07	0,12	343	121	9,5
Minimum	2,38	0,02	0,11	244	118	9,4
Maximum	2,99	0,12	0,14	500	125	9,7
Standardabweichung	0,19	0,04	0,01	119	2,26	0,11
Variationskoeffizient in %	7,03	60,3	6,87	34,7	1,87	1,14
Charakteristischer Wert			0,11		116	

Tabelle 12-18   Daten der Versuchsreihe DP 2

Versuch	F_{max} in kN	$v\,(F_{max})$ in mm	f_v in N/mm^2	G in N/mm^2	ρ in kg/m^3	u in %
1	3,39	0,10	0,16	422	177	10,7
2	3,35	0,13	0,15	468	173	10,1
3	3,13	0,09	0,14	(972)	169	10,3
4	3,38	0,23	0,16	279	169	10,4
5	3,41	0,12	0,16	307	168	10,3
6	3,33	(-0,05)	0,15	(869)	171	10,3
7	3,34	(-0,08)	0,15	(1940)	176	10,2
8	3,13	0,09	0,14	398	175	10,0
9	3,22	(-0,09)	0,15	(5482)	177	10,1
10	3,21	0,22	0,15	214	170	10,2
11	3,36	0,32	0,16	230	167	10,3
12	3,40	0,14	0,16	(4640)	171	10,5
Mittelwert	3,30	0,16	0,15	331	172	10,3
Minimum	3,13	0,09	0,14	214	167	10,0
Maximum	3,41	0,32	0,16	468	177	10,7
Standardabweichung	0,10	0,08	0,01	99	3,50	0,17
Variationskoeffizient in %	3,17	47,8	3,37	29,9	2,04	1,69
Charakteristischer Wert			0,14		165	

Tabelle 12-19   Daten der Versuchsreihe DP 3

Versuch	F_{max} in kN	$v\,(F_{max})$ in mm	f_v in N/mm^2	G in N/mm^2	ρ in kg/m^3	u in %
1	3,96	(-0,06)	0,18	(6769)	154	9,6
2	3,94	0,05	0,18	386	153	8,9
3	3,99	0,08	0,18	211	153	9,0
4	3,88	0,15	0,18	252	157	8,9
5	3,89	(-0,08)	0,18	662	153	8,9
6	3,94	0,18	0,18	179	149	8,7
7	3,55	0,07	0,16	148	151	9,5
8	3,60	0,04	0,16	564	155	10,0
9	3,60	0,10	0,16	304	153	9,2
10	3,86	0,07	0,17	633	153	9,1
11	3,66	0,06	0,16	268	158	9,3
12	3,46	0,04	0,16	(780)	160	9,6
Mittelwert	3,78	0,08	0,17	361	154	9,2
Minimum	3,46	0,04	0,16	148	149	8,7
Maximum	3,99	0,18	0,18	662	160	10,0
Standardabweichung	0,19	0,05	0,01	192	2,94	0,39
Variationskoeffizient in %	5,01	55,6	5,59	53,2	1,91	4,19
Charakteristischer Wert			0,15		148	

12.2 Versuche zur Ermittlung der Lochleibungsfestigkeit

Tabelle 12-20   Zusammenfassung der Lochleibungsversuche UDP 1_1a

Anzahl Versuche	d in mm	ρ in kg/m^3	u in %	k_i in N/mm	k_s in N/mm	f_h in N/mm^2
5	3,1	294	9,4	339	289	9,29
5	3,4	294	9,4	300	259	8,51
5	3,8	293	9,3	492	430	7,86
5	4,6	293	9,3	468	442	6,14
5	5,0	287	9,4	386	425	6,27
Mittelwert		292	9,4	397	369	7,61
Minimum		287	9,3	300	259	6,14
Maximum		294	9,4	492	442	9,29
Standardabweichung		3	0,0	82	88	1,38
Variationskoeffizient in %		1,01	0,42	20,7	23,8	18,1

Tabelle 12-21   Zusammenfassung der Lochleibungsversuche UDP 1_1b

Anzahl Versuche	d in mm	ρ in kg/m^3	u in %	k_i in N/mm	k_s in N/mm	f_h in N/mm^2
5	3,1	281	8,9	362	321	8,25
6	3,4	281	9,0	363	329	8,35
5	3,8	282	9,0	472	412	7,49
5	4,6	281	8,9	590	488	6,32
6	5,0	281	9,0	510	424	5,84
Mittelwert		281	9,0	459	395	7,25
Minimum		281	8,9	362	321	5,84
Maximum		282	9,0	590	488	8,35
Standardabweichung		0	0,0	98	70	1,13
Variationskoeffizient in %		0,15	0,50	21,4	17,7	15,6

Tabelle 12-22	Zusammenfassung der Lochleibungsversuche UDP 1_1c

Anzahl Versuche	d in mm	ρ in kg/m^3	u in %	k_i in N/mm	k_s in N/mm	f_h in N/mm^2
5	3,1	227	9,6	606	564	6,79
5	3,4	227	9,6	771	704	6,71
5	3,8	227	9,6	829	921	5,95
5	4,6	227	9,6	872	747	4,97
6	5,0	228	9,6	906	868	4,84
Mittelwert		228	9,6	797	761	5,85
Minimum		227	9,6	606	564	4,84
Maximum		228	9,6	906	921	6,79
Standardabweichung		0	0,0	118	141	0,92
Variationskoeffizient in %		0,12	0,01	14,8	18,5	15,8

Tabelle 12-23	Zusammenfassung der Lochleibungsversuche UDP 1_1d

Anzahl Versuche	d in mm	ρ in kg/m^3	u in %	k_i in N/mm	k_s in N/mm	f_h in N/mm^2
5	3,1	226	9,9	462	446	5,74
5	3,4	226	9,9	668	596	5,59
5	3,8	226	9,9	701	679	5,34
6	4,6	226	9,9	518	478	4,38
5	5,0	226	9,9	670	577	4,21
Mittelwert		226	9,9	604	555	5,05
Minimum		226	9,9	462	446	4,21
Maximum		226	9,9	701	679	5,74
Standardabweichung		0	0,0	107	94	0,71
Variationskoeffizient in %		0,14	0,03	17,6	16,9	14,1

Tabelle 12-24 Zusammenfassung der Lochleibungsversuche UDP 1_2

Anzahl Versuche	d in mm	ρ in kg/m^3	u in %	k_i in N/mm	k_s in N/mm	f_h in N/mm^2
		Keine Versuche wegen Durchbiegen des Nagels				
10	3,8	211	9,3	496	455	4,70
10	4,6	211	9,3	827	837	4,59
10	5,0	211	9,3	917	885	3,99
Mittelwert		211	9,3	747	726	4,43
Minimum		211	9,3	496	455	3,99
Maximum		211	9,3	917	885	4,70
Standardabweichung		0	0,0	222	235	0,38
Variationskoeffizient in %		0,00	0,00	29,7	32,4	8,61

Tabelle 12-25 Zusammenfassung der Lochleibungsversuche UDP 2_a

Anzahl Versuche	d in mm	ρ in kg/m^3	u in %	k_i in N/mm	k_s in N/mm	f_h in N/mm^2
6	3,1	226	9,6	131	102	4,95
5	3,4	226	9,6	148	116	4,63
5	3,8	226	9,6	255	234	5,17
5	4,6	226	9,5	318	287	4,01
5	5,0	226	9,6	307	291	4,03
Mittelwert		226	9,6	232	206	4,56
Minimum		226	9,5	131	102	4,01
Maximum		226	9,6	318	291	5,17
Standardabweichung		0	0,0	88	92	0,53
Variationskoeffizient in %		0,05	0,47	37,9	44,4	11,5

Tabelle 12-26 Zusammenfassung der Lochleibungsversuche UDP 2_b

Anzahl Versuche	d in mm	ρ in kg/m^3	u in %	k_i in N/mm	k_s in N/mm	f_h in N/mm^2
5	3,1	241	9,1	304	328	6,42
5	3,4	241	9,1	525	477	6,25
5	3,8	241	9,1	394	333	5,61
5	4,6	241	9,1	397	390	5,27
5	5,0	241	9,1	359	309	4,33
Mittelwert		241	9,1	396	367	5,58
Minimum		241	9,1	304	309	4,33
Maximum		241	9,1	525	477	6,42
Standardabweichung		0	0,0	81	68	0,84
Variationskoeffizient in %		0,06	0,01	20,5	18,6	15,1

Tabelle 12-27 Zusammenfassung der Lochleibungsversuche UDP 2_c

Anzahl Versuche	d in mm	ρ in kg/m^3	u in %	k_i in N/mm	k_s in N/mm	f_h in N/mm^2
5	3,1	220	10,0	297	287	4,74
5	3,4	220	10,0	295	372	4,41
5	3,8	220	10,0	357	458	3,83
5	4,6	220	10,0	331	523	2,99
5	5,0	220	10,0	294	304	3,08
Mittelwert		220	10,0	315	389	3,81
Minimum		220	10,0	294	287	2,99
Maximum		220	10,0	357	523	4,74
Standardabweichung		0	0,0	28	101	0,78
Variationskoeffizient in %		0,06	0,19	8,96	26,0	20,5

Tabelle 12-28   Zusammenfassung der Lochleibungsversuche UDP 3_a

Anzahl Versuche	d in mm	ρ in kg/m^3	u in %	k_i in N/mm	k_s in N/mm	f_h in N/mm^2
5	3,1	275	7,2	256	220	6,89
5	3,4	275	7,2	337	289	6,26
6	3,8	277	7,2	326	264	5,75
6	4,6	277	7,2	307	240	4,48
5	5,0	275	7,2	511	424	4,67
Mittelwert		276	7,2	347	287	5,61
Minimum		275	7,2	256	220	4,48
Maximum		277	7,2	511	424	6,89
Standardabweichung		1	0,0	97	81	1,03
Variationskoeffizient in %		0,37	0,50	27,8	28,0	18,4

Tabelle 12-29   Zusammenfassung der Lochleibungsversuche UDP 3_b

Anzahl Versuche	d in mm	ρ in kg/m^3	u in %	k_i in N/mm	k_s in N/mm	f_h in N/mm^2
5	3,1	281	7,3	344	289	7,21
5	3,4	281	7,3	475	391	6,81
5	3,8	281	7,3	601	490	6,17
5	4,6	281	7,3	442	380	5,78
5	5,0	281	7,3	526	523	5,40
Mittelwert		281	7,3	478	415	6,28
Minimum		281	7,3	344	289	5,40
Maximum		281	7,3	601	523	7,21
Standardabweichung		0	0,0	96	93	0,74
Variationskoeffizient in %		0,00	0,00	20,0	22,5	11,7

Tabelle 12-30   Zusammenfassung der Lochleibungsversuche UDP 3_c

Anzahl Versuche	d in mm	ρ in kg/m^3	u in %	k_i in N/mm	k_s in N/mm	f_h in N/mm^2
2	3,1	281	7,6	454	407	7,08
5	3,4	277	7,7	521	452	7,08
5	3,8	277	7,7	620	621	6,68
6	4,6	278	7,8	727	648	5,88
5	5,0	279	7,8	903	880	5,67
Mittelwert		278	7,7	645	602	6,48
Minimum		277	7,6	454	407	5,67
Maximum		281	7,8	903	880	7,08
Standardabweichung		2	0,1	177	187	0,67
Variationskoeffizient in %		0,58	0,96	27,5	31,1	10,3

Tabelle 12-31   Zusammenfassung der Lochleibungsversuche WDVP 1_1

Anzahl Versuche	d in mm	ρ in kg/m^3	u in %	k_i in N/mm	k_s in N/mm	f_h in N/mm^2
10	3,1	159	9,2	219	185	2,73
10	3,4	159	9,2	310	261	2,70
10	3,8	159	9,2	289	247	2,51
10	4,6	159	9,2	375	323	2,23
10	5,0	159	9,2	382	342	2,18
Mittelwert		159	9,2	315	272	2,47
Minimum		159	9,2	219	185	2,18
Maximum		159	9,2	382	342	2,73
Standardabweichung		0	0,0	67	63	0,26
Variationskoeffizient in %		0,00	0,00	21,3	23,2	10,4

Tabelle 12-32   Zusammenfassung der Lochleibungsversuche WDVP 1_2

Anzahl Versuche	d in mm	ρ in kg/m^3	u in %	k_i in N/mm	k_s in N/mm	f_h in N/mm^2
10	3,1	182	9,5	289	276	3,93
10	3,4	182	9,5	398	363	3,57
10	3,8	182	9,5	435	473	3,57
10	4,6	182	9,5	564	526	3,05
10	5,0	182	9,5	617	531	2,90
Mittelwert		182	9,5	460	434	3,40
Minimum		182	9,5	289	276	2,90
Maximum		182	9,5	617	531	3,93
Standardabweichung		0	0,0	132	111	0,42
Variationskoeffizient in %		0,00	0,00	28,6	25,6	12,4

Tabelle 12-33   Zusammenfassung der Lochleibungsversuche WDVP 2

Anzahl Versuche	d in mm	ρ in kg/m^3	u in %	k_i in N/mm	k_s in N/mm	f_h in N/mm^2
2	3,1	190	10,2	123	107	1,54
10	3,4	187	10,4	157	174	1,85
10	3,8	187	10,3	166	194	1,75
10	4,6	187	10,4	198	205	1,53
10	5,0	187	10,3	227	202	1,50
Mittelwert		187	10,3	174	176	1,63
Minimum		187	10,2	123	107	1,50
Maximum		190	10,4	227	205	1,85
Standardabweichung		1	0,1	40	41	0,16
Variationskoeffizient in %		0,67	0,83	22,8	23,1	9,51

Tabelle 12-34 Zusammenfassung der Lochleibungsversuche WDVP 3

Anzahl Versuche	d in mm	ρ in kg/m^3	u in %	k_i in N/mm	k_s in N/mm	f_h in N/mm^2
1	3,1	253	8,3	275	240	4,82
10	3,4	260	8,0	364	331	4,90
10	3,8	260	8,0	400	351	4,70
10	4,6	260	8,0	513	435	4,13
10	5,0	260	8,0	634	552	3,62
Mittelwert		258	8,1	437	382	4,43
Minimum		253	8,0	275	240	3,62
Maximum		260	8,3	634	552	4,90
Standardabweichung		3	0,1	139	118	0,55
Variationskoeffizient in %		1,15	1,61	31,8	30,8	12,3

Tabelle 12-35 Zusammenfassung der Lochleibungsversuche DP 1

Anzahl Versuche	d in mm	ρ in kg/m^3	u in %	k_i in N/mm	k_s in N/mm	f_h in N/mm^2
8	3,1	121	9,5	51,0	41,6	1,16
8	3,4	121	9,5	49,6	40,4	1,02
8	3,8	121	9,5	51,0	41,0	1,03
8	4,6	121	9,5	52,2	41,7	0,77
8	5,0	121	9,5	76,6	61,5	0,84
Mittelwert		121	9,5	56,1	45,3	0,96
Minimum		121	9,5	49,6	40,4	0,77
Maximum		121	9,5	76,6	61,5	1,16
Standardabweichung		0	0,0	11,5	9,1	0,16
Variationskoeffizient in %		0,00	0,00	20,5	20,2	16,2

Tabelle 12-36 Zusammenfassung der Lochleibungsversuche DP 2

Anzahl Versuche	d in mm	ρ in kg/m^3	u in %	k_i in N/mm	k_s in N/mm	f_h in N/mm^2
10	3,1	172	10,3	111	97,4	1,88
10	3,4	172	10,3	120	103	1,92
10	3,8	171	10,3	116	99,4	1,54
10	4,6	172	10,3	109	92,1	1,26
10	5,0	172	10,3	129	110	1,20
Mittelwert		172	10,3	117	101	1,56
Minimum		171	10,3	109	92,1	1,20
Maximum		172	10,3	129	110	1,92
Standardabweichung		0	0,0	8	7	0,34
Variationskoeffizient in %		0,24	0,13	6,82	6,76	21,6

Tabelle 12-37 Zusammenfassung der Lochleibungsversuche DP 3

Anzahl Versuche	d in mm	ρ in kg/m^3	u in %	k_i in N/mm	k_s in N/mm	f_h in N/mm^2
10	3,1	153	9,2	129	111	1,85
10	3,4	153	9,2	138	116	1,70
10	3,8	153	9,2	130	109	1,61
10	4,6	153	9,2	180	159	1,42
10	5,0	153	9,2	150	122	1,29
Mittelwert		153	9,2	145	123	1,57
Minimum		153	9,2	129	109	1,29
Maximum		153	9,2	180	159	1,85
Standardabweichung		0	0,0	21	20	0,22
Variationskoeffizient in %		0,00	0,00	14,7	16,5	14,3

12.3 Versuche zur Ermittlung der Kopf- und Rückendurchziehtragfähigkeit

Tabelle 12-38   Rückendurchziehversuche UDP 1_1a mit t = 18 mm

Versuch	Platte	ρ in kg/m³	F_{max} in kN	$v\,(F_{max})$ in mm
1	1	315	0,573	7,86
2	2	314	0,627	9,30
3	5	274	0,513	10,8
4	6	284	0,526	8,45
5	9	281	0,557	8,37
6	10	279	0,549	9,02
Mittelwert			0,557	8,97
Standardabweichung			0,040	1,03
Variationskoeffizient in %			7,23	11,5

Tabelle 12-39   Rückendurchziehversuche UDP 1_1a_l mit t = 18 mm

Versuch	Platte	ρ in kg/m³	F_{max} in kN	$v\,(F_{max})$ in mm
1	3	260	0,303	13,0
2	6	256	0,330	11,2
3	9	255	0,287	8,99
4	12	259	0,284	11,9
Mittelwert			0,301	11,3
Standardabweichung			0,021	1,7
Variationskoeffizient in %			7,01	14,9

Tabelle 12-40   Rückendurchziehversuche UDP 1_1b mit t = 22 mm

Versuch	Platte	ρ in kg/m³	F_{max} in kN	$v\,(F_{max})$ in mm
1	1	269	0,606	10,5
2	2	276	0,684	10,1
3	5	299	0,589	15,2
4	6	283	0,693	11,2
5	9	283	0,598	9,80
6	10	278	0,601	9,95
Mittelwert			0,628	11,1
Standardabweichung			0,047	2,1
Variationskoeffizient in %			7,44	18,7

Tabelle 12-41   Rückendurchziehversuche UDP 1_1d mit t = 35 mm

Versuch	Platte	ρ in kg/m^3	F_{max} in kN	$v\,(F_{max})$ in mm
1	3	228	0,912	21,3
2	4	232	1,00	21,8
3	7	230	0,892	21,5
4	8	222	0,845	21,1
5	11	223	0,917	22,7
6	12	231	0,889	23,1
Mittelwert			0,910	21,9
Standardabweichung			0,052	0,8
Variationskoeffizient in %			5,77	3,74

Tabelle 12-42   Rückendurchziehversuche UDP 1_1d_I mit t = 35 mm

Versuch	Platte	ρ in kg/m^3	F_{max} in kN	$v\,(F_{max})$ in mm
1	3	228	0,755	14,0
2	6	224	0,903	22,4
3	9	220	0,830	22,3
4	12	226	0,930	22,2
Mittelwert			0,855	20,2
Standardabweichung			0,079	4,1
Variationskoeffizient in %			9,21	20,5

Tabelle 12-43   Rückendurchziehversuche UDP 1_1d_II mit t = 36 mm

Versuch	Platte	ρ in kg/m^3	F_{max} in kN	$v\,(F_{max})$ in mm
1	3	250	0,863	15,7
2	6	249	0,861	15,4
3	9	249	0,903	17,4
4	12	248	0,889	15,1
Mittelwert			0,879	15,9
Standardabweichung			0,020	1,0
Variationskoeffizient in %			2,32	6,58

Tabelle 12-44 Rückendurchziehversuche UDP 2_a mit t = 18 mm

Versuch	Platte	ρ in kg/m^3	F_{max} in kN	$v (F_{max})$ in mm
1	3	227	0,310	10,7
2	4	225	0,243	11,4
3	7	223	0,277	9,23
4	8	230	0,313	8,88
5	9	224	0,266	11,7
6	10	226	0,249	11,6
Mittelwert			0,276	10,6
Standardabweichung			0,030	1,3
Variationskoeffizient in %			10,9	11,8

Tabelle 12-45 Rückendurchziehversuche UDP 2_a_l mit t = 18 mm

Versuch	Platte	ρ in kg/m^3	F_{max} in kN	$v (F_{max})$ in mm
1	5	264	0,575	8,57
2	10	264	0,541	9,97
3	15	264	0,564	9,69
4	20	264	0,523	8,31
Mittelwert			0,551	9,14
Standardabweichung			0,023	0,82
Variationskoeffizient in %			4,19	8,96

Tabelle 12-46 Rückendurchziehversuche UDP 2_b mit t = 22 mm

Versuch	Platte	ρ in kg/m^3	F_{max} in kN	$v (F_{max})$ in mm
1	3	240	0,491	11,0
2	4	240	0,490	10,6
3	7	241	0,564	11,4
4	8	243	0,558	10,9
5	11	242	0,517	10,2
6	12	242	0,517	9,91
Mittelwert			0,523	10,6
Standardabweichung			0,032	0,5
Variationskoeffizient in %			6,06	5,12

Tabelle 12-47   Rückendurchziehversuche UDP 2_c mit t = 35 mm

Versuch	Platte	ρ in kg/m^3	F_{max} in kN	$v\,(F_{max})$ in mm
1	4	223	0,651	19,0
2	7	224	0,600	17,6
3	8	222	0,600	19,3
4	11	222	0,619	18,8
5	12	221	0,667	21,6
Mittelwert			0,627	19,3
Standardabweichung			0,030	1,5
Variationskoeffizient in %			4,83	7,60

Tabelle 12-48   Rückendurchziehversuche UDP 2_d_l mit t = 60 mm

Versuch	Platte	ρ in kg/m^3	F_{max} in kN	$v\,(F_{max})$ in mm
1	4	262	2,33	31,3
2	6	264	2,31	32,4
3	7	264	2,26	35,8
4	11	260	2,41	32,2
Mittelwert			2,33	32,9
Standardabweichung			0,06	2,0
Variationskoeffizient in %			2,66	5,93

Tabelle 12-49   Rückendurchziehversuche UDP 3_a mit t = 18 mm

Versuch	Platte	ρ in kg/m^3	F_{max} in kN	$v\,(F_{max})$ in mm
1	1	270	0,304	8,08
2	2	278	0,295	5,33
3	5	289	0,328	6,59
4	6	287	0,324	5,44
5	9	267	0,285	6,22
6	10	271	0,348	6,27
Mittelwert			0,314	6,32
Standardabweichung			0,023	0,99
Variationskoeffizient in %			7,44	15,7

Tabelle 12-50 Rückendurchziehversuche UDP 3_a_I mit t = 18 mm

Versuch	Platte	ρ in kg/m^3	F_{max} in kN	$v (F_{max})$ in mm
1	2	268	0,329	7,39
2	4	272	0,302	7,11
3	5	271	0,268	9,90
4	11	269	0,299	9,39
Mittelwert			0,299	8,45
Standardabweichung			0,025	1,40
Variationskoeffizient in %			8,33	16,6

Tabelle 12-51 Rückendurchziehversuche UDP 3_b mit t = 22 mm

Versuch	Platte	ρ in kg/m^3	F_{max} in kN	$v (F_{max})$ in mm
1	1	286	0,526	10,5
2	2	283	0,455	7,90
3	3	280	0,443	11,1
4	5	280	0,442	8,09
5	6	277	0,422	7,18
6	7	276	0,320	10,7
Mittelwert			0,435	9,25
Standardabweichung			0,067	1,70
Variationskoeffizient in %			15,4	18,4

Tabelle 12-52 Rückendurchziehversuche UDP 3_c mit t = 35 mm

Versuch	Platte	ρ in kg/m^3	F_{max} in kN	$v (F_{max})$ in mm
1	3	289	0,859	15,5
2	4	286	0,779	13,6
3	7	288	0,904	14,6
4	8	287	0,832	13,8
5	11	280	0,918	13,3
6	12	278	0,856	13,1
Mittelwert			0,843	14,4
Standardabweichung			0,053	0,9
Variationskoeffizient in %			6,23	6,10

Tabelle 12-53   Rückendurchziehversuche UDP 3_d_I mit t = 52 mm

Versuch	Platte	ρ in kg/m^3	F_{max} in kN	$v\,(F_{max})$ in mm
1	2	268	1,28	22,8
2	5	268	1,34	23,2
3	8	268	1,47	22,4
4	11	269	1,44	28,4
Mittelwert			1,38	24,2
Standardabweichung			0,09	2,8
Variationskoeffizient in %			6,44	11,8

Tabelle 12-54   Rückendurchziehversuche WDVP 1_2 mit t = 40 mm

Versuch	Platte	ρ in kg/m^3	F_{max} in kN	$v\,(F_{max})$ in mm
1	7	188	0,760	27,2
2	8	183	0,694	23,9
3	11	183	0,839	25,5
4	12	185	0,859	27,4
5	13	186	0,789	27,0
6	14	180	0,716	24,9
7	20	182	0,722	26,5
8	21	177	0,662	26,6
Mittelwert			0,755	26,1
Standardabweichung			0,070	1,3
Variationskoeffizient in %			9,25	4,79

Tabelle 12-55   Rückendurchziehversuche WDVP 2 mit t = 60 mm

Versuch	Platte	ρ in kg/m^3	F_{max} in kN	$v\,(F_{max})$ in mm
1	1	187	0,641	29,9
2	4	188	0,564	23,6
3	7	185	0,683	25,7
4	8	186	0,594	33,5
5	9	187	0,750	25,6
6	10	184	0,614	24,0
Mittelwert			0,641	27,1
Standardabweichung			0,067	3,9
Variationskoeffizient in %			10,5	14,3

Tabelle 12-56   Rückendurchziehversuche WDVP 3 mit t = 40 mm

Versuch	Platte	ρ in kg/m³	F_{max} in kN	v (F_{max}) in mm
1	3	251	0,726	17,5
2	4	254	0,677	15,7
3	7	263	0,707	15,0
4	8	263	0,750	14,6
5	15	262	0,692	14,1
6	16	265	0,691	14,6
Mittelwert			0,707	15,2
Standardabweichung			0,027	1,2
Variationskoeffizient in %			3,78	8,17

Tabelle 12-57   Kopfdurchziehversuche UDP 1_1d_I mit t = 35 mm

Versuch	Platte	ρ in kg/m³	F_{max} in kN	v (F_{max}) in mm
1	3	228	1,18	31,3
2	6	224	1,11	29,0
3	9	220	1,23	26,3
4	12	226	1,00	15,1
Mittelwert			1,13	25,4
Standardabweichung			0,10	7,2
Variationskoeffizient in %			8,84	28,3

Tabelle 12-58   Kopfdurchziehversuche UDP 1_1d_II mit t = 36 mm

Versuch	Platte	ρ in kg/m³	F_{max} in kN	v (F_{max}) in mm
1	3	250	1,14	29,4
2	6	249	1,32	24,1
3	9	249	1,69	31,3
4	12	248	1,66	28,0
Mittelwert			1,45	28,2
Standardabweichung			0,27	3,1
Variationskoeffizient in %			18,5	10,9

Tabelle 12-59 Kopfdurchziehversuche UDP 2_d_I mit t = 60 mm

Versuch	Platte	ρ in kg/m^3	F_{max} in kN	$v\,(F_{max})$ in mm
1	4	262	3,65	23,3
2	6	264	3,53	20,6
3	7	264	3,16	19,3
4	11	260	2,98	24,0
Mittelwert			3,33	21,8
Standardabweichung			0,31	2,2
Variationskoeffizient in %			9,37	10,2

Tabelle 12-60 Kopfdurchziehversuche UDP 3_d_II mit t = 52 mm

Versuch	Platte	ρ in kg/m^3	F_{max} in kN	$v\,(F_{max})$ in mm
1	2	268	2,16	21,9
2	5	268	2,35	21,0
3	8	268	2,47	20,2
4	11	269	2,42	23,0
Mittelwert			2,35	21,5
Standardabweichung			0,13	1,2
Variationskoeffizient in %			5,73	5,65

12.4 Ermittlung der Fließmomente

Tabelle 12-61   Fließmomente der speziellen Schraube (6 x 70)

Versuch	$M_y\,(\alpha = 110°/d = 18{,}3°)$ in Nm	$M_{y,max}$ in Nm	α_{max} in °
1	12,8	14,5	37,8
2	12,1	21,1	25,4
3	12,3	13,2	27,7
4	12,2	12,8	21,1
5	12,3	12,7	22,7
6	12,7	13,3	23,6
7	12,4	13,2	25,6
8	12,3	13,1	28,3
9	12,4	13,0	21,8
10	11,6	12,0	20,7
Mittelwert	12,3	13,9	25,5
Minimum	11,6	12,0	20,7
Maximum	12,8	21,1	37,8
Standardabweichung	0,3	2,6	5,1
Variationskoeffizient in %	2,71	18,7	19,9

Tabelle 12-62   Fließmomente der speziellen Schraube (6 x 90)

Versuch	$M_y\,(\alpha = 110°/d = 18{,}3°)$ in Nm	$M_{y,max}$ in Nm	α_{max} in °
1	10,8	11,6	26,1
2	10,6	11,9	27,1
3	9,93	12,0	44,3
4	12,2	13,9	33,2
5	10,8	12,6	44,1
6	11,4	13,4	44,3
7	10,8	12,6	40,3
8	11,8	13,0	33,2
9	10,6	13,0	43,7
10	10,1	10,6	21,2
Mittelwert	10,9	12,5	35,8
Minimum	9,93	10,6	21,2
Maximum	12,2	13,9	44,3
Standardabweichung	0,7	1,0	8,8
Variationskoeffizient in %	6,34	7,71	24,5

Tabelle 12-63 Fließmomente von Schrauben Assy+ (6 x 100)

Versuch	M_y (α = 110°/d = 18,3°) in Nm	M_y (α = 45°) in Nm	$M_{y,max}$ in Nm	α_{max} in °
1	11,5	13,1	13,2	41,5
2	12,1	13,1	13,5	36,9
3	11,8	13,5	13,5	44,7
4	12,4	13,9	14,1	37,8
5	12,1	13,6	13,7	39,0
6	12,3	14,1	14,2	38,0
7	12,1	13,7	13,7	41,1
8	12,0	13,2	13,5	34,3
9	11,7	13,5	13,5	38,5
10	12,3	13,7	13,9	38,1
Mittelwert	12,0	13,5	13,7	39,0
Minimum	11,5	13,1	13,2	34,3
Maximum	12,4	14,1	14,2	44,7
Standardabweichung	0,3	0,3	0,3	2,9
Variationskoeffizient in %	2,34	2,48	2,32	7,33

Tabelle 12-64 Fließmomente von Schrauben AssyII (6 x 80)

Versuch	M_y (α = 110°/d = 18,3°) in Nm	M_y (α = 45°) in Nm	$M_{y,max}$ in Nm	α_{max} in °
1	13,3	14,9	14,9	44,8
2	13,1	14,6	14,6	44,5
3	12,8	14,3	14,3	42,0
4	13,1	14,4	14,4	39,2
5	13,2	14,2	14,3	36,0
6	12,7	14,0	14,1	45,3
7	13,3	14,8	14,8	41,4
8	12,7	14,2	14,2	43,4
9	13,0	14,4	14,4	40,1
10	13,1	14,5	14,5	42,2
Mittelwert	13,0	14,4	14,4	41,9
Minimum	12,7	14,0	14,1	36,0
Maximum	13,3	14,9	14,9	45,3
Standardabweichung	0,2	0,3	0,3	2,9
Variationskoeffizient in %	1,66	1,87	1,80	6,88

Tabelle 12-65   Fließmomente von Klammern (2 x 100)

Breitrückenklammer 27 x 2 x 100		Klammer 12 x 2 x 100	
Versuch	$M_y\ (\alpha = 45°)$ in Nm	Versuch	$M_y\ (\alpha = 45°)$ in Nm
1	0,810 (*)	1	1,39
2	1,29	2	1,40
3	1,53	3	1,47
4	1,49	4	1,47
5	1,42	5	1,46
6	1,51	6	1,43
7	1,63	7	1,29
8	1,51	8	1,43
9	1,46	9	1,41
10	1,53	10	1,50
Mittelwert	1,49	Mittelwert	1,43
Minimum	1,29	Minimum	1,29
Maximum	1,63	Maximum	1,50
Standardabweichung	0,09	Standardabweichung	0,06
Variationskoeffizient in %	6,31	Variationskoeffizient in %	4,07
(*) in Auswertung nicht berücksichtigt			

Tabelle 12-66 Fließmomente von Nägeln (3,8 x 100)

Versuch	$M_y\,(\alpha = 110°/d = 28,9°)$ in Nm	$M_y\,(\alpha = 45°)$ in Nm
1	7,43	7,61
2	7,10	7,35
3	6,97	7,17
4	6,65	6,78
5	6,53	6,68
6	6,25	6,56
7	7,34	7,61
8	6,35	6,65
9	6,16	6,62
10	6,14	6,50
Mittelwert	6,69	6,95
Minimum	6,14	6,50
Maximum	7,43	7,61
Standardabweichung	0,49	0,44
Variationskoeffizient in %	7,27	6,35

Tabelle 12-67 Fließmomente von Nägeln (4,6 x 100)

Versuch	$M_y\,(\alpha = 110°/d = 23,9°)$ in Nm	$M_y\,(\alpha = 45°)$ in Nm
1	12,3	12,7
2	12,0	13,4
3	12,8	13,4
4	12,3	12,7
5	12,1	12,7
6	11,1	11,8
7	11,5	12,0
8	12,9	13,3
9	13,0	13,5
10	12,5	13,6
Mittelwert	12,3	12,9
Minimum	11,1	11,8
Maximum	13,0	13,6
Standardabweichung	0,6	0,7
Variationskoeffizient in %	4,92	5,04

12.5 Druckscherversuche mit Schrauben

Tabelle 12-68   Spezielle Schraube mit UDP 1_1d_I

Versuch	$F_{max,cor}$ in kN	$k_{s,din}$ in N/mm	$k_{s,0.3}$ in N/mm	ρ_{VH} in kg/m^3	u_{VH} in %	ρ_{HFDP} in kg/m^3	u_{HFDP} in %
1	1,55	3305	2102	505	10,5	228	9,9
2	1,88	6683	2755	513	11,9	232	9,9
3	1,93	6042	3086	498	12,0	232	9,8
4	1,76	2998	2181	492	12,1	232	9,8
5	1,72	3162	2093	500	12,1	229	10,0
6	1,61	3297	2127	489	12,0	225	9,8
7	1,73	3132	2229	529	12,0	232	9,5
8	1,71	2984	2063	489	11,7	222	9,6
9	1,71	2985	2103	512	11,9	230	9,7
10	1,49	3586	1960	468	12,2	232	9,7
11	1,77	3229	2218	478	12,4	229	9,9
12	1,59	4670	2123	484	12,2	254	10,0
Mittelwert	1,71	3840	2253	496	11,9	231	9,8
Minimum	1,49	2984	1960	468	10,5	222	9,5
Maximum	1,93	6683	3086	529	12,4	254	10,0
Standardabw.	0,13	1271	327	17	0,5	8	0,2
Variationskoeff.	7,56	33,1	14,5	3,42	4,03	3,40	1,56

Tabelle 12-69   Spezielle Schraube mit UDP 1_1d_II

Versuch	$F_{max,cor}$ in kN	$k_{s,din}$ in N/mm	$k_{s,0.3}$ in N/mm	ρ_{VH} in kg/m^3	u_{VH} in %	ρ_{HFDP} in kg/m^3	u_{HFDP} in %
1	1,59	4670	2123	484	12,2	254	10,0
2	1,68	4253	2371	452	10,5	253	9,8
3	1,75	4435	2287	462	12,1	252	9,6
4	1,29	4304	1909	407	13,5	252	9,7
5	1,23	2608	1603	404	13,1	250	9,8
6	1,29	1099	1161	405	13,5	250	9,7
7	1,26	3680	1623	402	13,2	252	10,0
8	1,25	8119	1803	543	14,0	251	10,1
9	1,66	1849	1708	521	12,5	251	9,9
10	1,33	2394	1598	406	12,9	250	10,0
11	1,35	2217	1572	533	13,9	251	10,0
12	1,29	2097	1503	402	13,2	250	10,0
Mittelwert	1,41	3477	1772	452	12,9	251	9,9
Minimum	1,23	1099	1161	402	10,5	250	9,6
Maximum	1,75	8119	2371	543	14,0	254	10,1
Standardabw.	0,19	1882	349	56	1,0	1	0,2
Variationskoeff.	13,8	54,1	19,7	12,4	7,42	0,54	1,53

Tabelle 12-70 Spezielle Schraube mit UDP 2_d_l

Versuch	$F_{max,cor}$ in kN	$k_{s,din}$ in N/mm	$k_{s,0.3}$ in N/mm	ρ_{VH} in kg/m^3	u_{VH} in %	ρ_{HFDP} in kg/m^3	u_{HFDP} in %
1	2,22	754	1577	477	14,3	264	9,8
2	1,77	765	1371	476	14,1	269	9,5
3	2,36	506	1575	471	14,3	269	9,6
4	1,66	966	1530	478	14,3	268	9,9
5	1,96	673	1390	476	14,4	269	9,9
6	1,57	1115	1406	473	14,6	266	9,8
7	2,11	1305	1887	552	14,1	268	10,0
8	2,27	682	1291	484	14,8	268	10,2
9	1,98	873	1648	471	14,5	267	9,9
10	2,50	652	1765	539	14,1	268	9,6
11	2,26	854	1605	465	14,5	267	9,8
12	1,85	851	1563	486	14,3	268	9,8
Mittelwert	2,04	833	1551	487	14,4	268	9,8
Minimum	1,57	506	1291	465	14,1	264	9,5
Maximum	2,50	1305	1887	552	14,8	269	10,2
Standardabw.	0,29	218	170	28	0,2	1	0,2
Variationskoeff.	14,3	26,1	11,0	5,73	1,61	0,54	1,92

Tabelle 12-71 Spezielle Schraube mit UDP 3_d_l

Versuch	$F_{max,cor}$ in kN	$k_{s,din}$ in N/mm	$k_{s,0.3}$ in N/mm	ρ_{VH} in kg/m^3	u_{VH} in %	ρ_{HFDP} in kg/m^3	u_{HFDP} in %
1	1,30	1335	1307	470	14,2	270	9,1
2	1,57	1371	1510	478	14,3	270	9,0
3	1,42	1451	1430	487	14,2	270	8,9
4	1,35	1035	1245	476	14,3	268	9,1
5	1,48	1085	1382	478	14,4	268	9,3
6	1,33	710	896	456	12,5	268	9,2
7	1,40	1421	1388	467	14,4	270	9,2
8	1,41	685	1075	474	14,6	269	9,3
9	1,32	507	968	474	14,3	269	8,9
10	1,29	701	990	475	14,7	269	9,2
11	1,21	993	1129	470	14,6	269	9,1
12	1,20	694	943	480	14,6	269	9,0
Mittelwert	1,36	999	1189	474	14,2	269	9,1
Minimum	1,20	507	896	456	12,5	268	8,9
Maximum	1,57	1451	1510	487	14,7	270	9,3
Standardabw.	0,10	337	214	7	0,6	1	0,1
Variationskoeff.	7,7	33,7	18,0	1,58	4,09	0,33	1,50

Tabelle 12-72   Schraube ASSY II mit UDP 1_1d_I

Versuch	$F_{max,cor}$ in kN	$k_{s,din}$ in N/mm	$k_{s,0.3}$ in N/mm	ρ_{VH} in kg/m^3	u_{VH} in %	ρ_{HFDP} in kg/m^3	u_{HFDP} in %
1	0,83	242	502	478	12,9	228	9,9
2	0,81	303	523	428	12,2	232	9,9
3	0,84	346	580	352	11,2	232	9,8
4	0,86	281	480	459	12,9	232	9,8
5	0,83	356	536	466	13,2	229	10,0
6	0,76	302	494	414	13,3	225	9,8
Mittelwert	0,82	305	519	433	12,6	230	9,9
Minimum	0,76	242	480	352	11,2	225	9,8
Maximum	0,86	356	580	478	13,3	232	10,0
Standardabw.	0,03	42	36	46	0,8	3	0,1
Variationskoeff.	4,25	13,8	6,9	10,7	6,41	1,16	0,68

Tabelle 12-73   Schraube ASSY II mit UDP 1_1d_II

Versuch	$F_{max,cor}$ in kN	$k_{s,din}$ in N/mm	$k_{s,0.3}$ in N/mm	ρ_{VH} in kg/m^3	u_{VH} in %	ρ_{HFDP} in kg/m^3	u_{HFDP} in %
1	1,11	277	705	394	12,6	254	10,0
2	1,02	314	614	352	11,7	253	9,8
3	1,04	286	627	361	12,0	252	9,6
4	0,93	193	462	458	13,0	252	9,7
5	1,01	285	585	422	12,3	250	9,8
6	0,78	155	455	456	13,0	250	9,7
Mittelwert	0,98	252	575	407	12,4	252	9,8
Minimum	0,78	155	455	352	11,7	250	9,6
Maximum	1,11	314	705	458	13,0	254	10,0
Standardabw.	0,12	63	98	46	0,5	2	0,1
Variationskoeff.	11,9	24,8	17,1	11,3	4,3	0,65	1,27

Tabelle 12-74   Schraube ASSY VG mit UDP 2_d_I

Versuch	$F_{max,cor}$ in kN	$k_{s,din}$ in N/mm	$k_{s,0.3}$ in N/mm	ρ_{VH} in kg/m^3	u_{VH} in %	ρ_{HFDP} in kg/m^3	u_{HFDP} in %
1	1,45	388	991	423	12,4	269	9,5
2	1,39	346	772	472	12,9	269	9,6
3	1,39	316	772	355	12,1	268	9,9
4	1,35	320	728	462	12,9	269	9,9
5	1,40	417	601	423	12,4	266	9,8
6	1,40	292	753	418	12,7	268	10,0
Mittelwert	1,40	347	770	426	12,6	268	9,8
Minimum	1,35	292	601	355	12,1	266	9,5
Maximum	1,45	417	991	472	12,9	269	10,0
Standardabw.	0,03	48	126	41	0,3	1	0,2
Variationskoeff.	2,13	13,7	16,4	9,7	2,56	0,39	1,80

Tabelle 12-75   Schraube ASSY VG mit UDP 3_d_I

Versuch	$F_{max,cor}$ in kN	$k_{s,din}$ in N/mm	$k_{s,0.3}$ in N/mm	ρ_{VH} in kg/m^3	u_{VH} in %	ρ_{HFDP} in kg/m^3	u_{HFDP} in %
1	1,04	260	568	412	12,5	270	9,1
2	0,86	149	341	411	12,4	270	9,0
3	0,91	199	482	351	11,8	270	8,9
4	0,92	196	441	480	13,0	268	9,1
5	1,03	234	589	472	13,1	268	9,3
6	0,91	233	484	407	12,6	268	9,2
Mittelwert	0,94	212	484	422	12,6	269	9,1
Minimum	0,86	149	341	351	11,8	268	8,9
Maximum	1,04	260	589	480	13,1	270	9,3
Standardabw.	0,07	39	90	48	0,5	1	0,1
Variationskoeff.	7,76	18,4	18,5	11,3	3,72	0,44	1,53

Tabelle 12-76   Schraube ASSY II mit Kunststoffteller mit UDP 1_1d_I

Versuch	$F_{max,cor}$ in kN	$k_{s,din}$ in N/mm	$k_{s,0.3}$ in N/mm	ρ_{VH} in kg/m^3	u_{VH} in %	ρ_{HFDP} in kg/m^3	u_{HFDP} in %
1	1,41	977	1224	419	11,4	233	9,0
2	1,49	1001	1294	364	11,2	229	9,1
3	1,38	585	943	432	12,0	220	9,1
4	1,29	983	1205	399	11,7	228	9,0
5	1,25	809	1125	448	12,0	228	9,1
6	1,44	811	1269	455	11,0	226	9,1
Mittelwert	1,38	861	1177	419	11,5	227	9,1
Minimum	1,25	585	943	364	11,0	220	9,0
Maximum	1,49	1001	1294	455	12,0	233	9,1
Standardabw.	0,09	161	128	34	0,4	4	0,1
Variationskoeff.	6,57	18,7	10,9	8,06	3,62	1,85	0,58

Tabelle 12-77   Schraube ASSY II mit Kunststoffteller mit UDP 1_1d_II

Versuch	$F_{max,cor}$ in kN	$k_{s,din}$ in N/mm	$k_{s,0.3}$ in N/mm	ρ_{VH} in kg/m^3	u_{VH} in %	ρ_{HFDP} in kg/m^3	u_{HFDP} in %
1	1,92	661	1179	441	12,4	251	9,5
2	1,92	909	1460	416	11,7	249	9,5
3	1,97	1094	1660	406	11,1	249	9,4
4	2,00	922	1575	444	11,6	247	9,4
5	1,83	852	1512	427	10,9	249	9,4
6	1,96	1041	1585	389	11,7	248	9,5
Mittelwert	1,93	913	1495	421	11,6	249	9,4
Minimum	1,83	661	1179	389	10,9	247	9,4
Maximum	2,00	1094	1660	444	12,4	251	9,5
Standardabw.	0,06	153	169	21	0,5	1	0,1
Variationskoeff.	3,05	16,7	11,3	4,96	4,51	0,51	0,83

Tabelle 12-78   Schraube ASSY II mit Kunststoffteller mit UDP 2_d_l

Versuch	$F_{max,cor}$ in kN	$k_{s,din}$ in N/mm	$k_{s,0.3}$ in N/mm	ρ_{VH} in kg/m^3	u_{VH} in %	ρ_{HFDP} in kg/m^3	u_{HFDP} in %
1	2,26	435	1395	447	10,9	264	9,3
2	2,39	553	1742	454	10,7	265	9,4
3	2,12	495	1355	382	11,3	263	9,3
4	2,31	587	1619	406	12,0	262	9,0
5	2,17	509	1505	377	11,6	260	9,0
6	2,23	405	1350	445	11,0	261	8,9
Mittelwert	2,25	497	1494	419	11,3	262	9,2
Minimum	2,12	405	1350	377	10,7	260	8,9
Maximum	2,39	587	1742	454	12,0	265	9,4
Standardabw.	0,10	69	160	35	0,5	2	0,2
Variationskoeff.	4,30	13,9	10,7	8,24	4,35	0,66	2,28

Tabelle 12-79   Schraube ASSY II mit Kunststoffteller mit UDP 3_d_l

Versuch	$F_{max,cor}$ in kN	$k_{s,din}$ in N/mm	$k_{s,0.3}$ in N/mm	ρ_{VH} in kg/m^3	u_{VH} in %	ρ_{HFDP} in kg/m^3	u_{HFDP} in %
1	1,40	689	1182	445	12,3	268	8,8
2	1,77	755	1270	447	11,9	268	8,8
3	1,52	705	1167	409	11,7	269	8,7
4	1,70	825	1410	404	11,2	268	8,8
5	1,51	709	1194	400	10,9	269	8,6
6	1,58	850	1318	396	11,5	269	8,7
Mittelwert	1,58	755	1257	417	11,6	269	8,7
Minimum	1,40	689	1167	396	10,9	268	8,6
Maximum	1,77	850	1410	447	12,3	269	8,8
Standardabw.	0,13	68	95	23	0,5	1	0,1
Variationskoeff.	8,41	8,94	7,55	5,56	4,36	0,21	0,66

12.6 Zugscherversuche

Tabelle 12-80   Rohdichte und Holzfeuchte der Zugscherversuche (Na d = 3,8 mm)

Serie	UDP	Dicke in mm	Versuch	VH_oben	VH_unten	KH_oben_links	KH_oben_rechts	KH_unten_links	KH_unten_rechts	Mittelwert VH	Mittelwert KH	HFDP
1	1_1a	18	1	385 / 11,5	388 / 11,7	402 / 11,6	396 / 11,5	391 / 11,8	393 / 11,7	387 / 11,6	396 / 11,7	314 / 8,2
			2	420 / 12,3	424 / 12,2	494 / 12,5	472 / 12,3	467 / 12,3	460 / 12,4	422 / 12,3	473 / 12,4	279 / 8,1
			3	575 / 13,7	566 / 13,4	596 / 12,7	594 / 12,5	600 / 12,8	585 / 13,0	571 / 13,6	594 / 12,8	280 / 8,0
2	2_a	18	1	389 / 11,5	395 / 11,5	393 / 12,7	400 / 12,3	397 / 12,4	415 / 12,3	392 / 11,5	401 / 12,4	226 / 8,4
			2	387 / 11,0	412 / 11,4	476 / 12,5	472 / 12,3	472 / 12,4	471 / 12,3	400 / 11,2	473 / 12,4	226 / 8,0
			3	596 / 12,2	562 / 11,8	598 / 12,7	601 / 12,5	603 / 12,6	592 / 12,5	579 / 12,0	599 / 12,6	225 / 8,1
3	3_a	18	1	387 / 11,8	391 / 11,9	400 / 12,5	402 / 12,4	396 / 12,4	394 / 12,4	389 / 11,9	398 / 12,4	274 / 6,8
			2	435 / 11,7	432 / 12,6	475 / 13,0	486 / 12,8	473 / 12,7	476 / 12,8	434 / 12,2	478 / 12,8	288 / 6,7
			3	564 / 12,5	572 / 13,1	581 / 13,4	600 / 13,5	588 / 13,9	588 / 13,5	568 / 12,8	589 / 13,6	269 / 7,4
4	1_1b	22	1	394 / 11,7	384 / 11,6	451 / 12,9	443 / 12,1	434 / 12,7	455 / 12,2	389 / 11,7	446 / 12,5	272 / 7,9
			2	431 / 12,4	432 / 11,4	492 / 12,9	482 / 12,6	558 / 13,0	488 / 12,7	432 / 11,9	505 / 12,8	291 / 8,2
			3	564 / 12,2	571 / 12,0	598 / 13,1	575 / 13,0	590 / 13,0	591 / 12,7	568 / 12,1	589 / 13,0	280 / 7,8
5	2_b	22	1	398 / 11,2	391 / 11,4	474 / 12,2	471 / 12,4	445 / 12,3	449 / 12,3	395 / 11,3	460 / 12,3	240 / 7,9
			2	432 / 18,3	432 / 5,2	483 / 12,3	479 / 12,3	499 / 12,8	498 / 12,6	432 / 11,8	490 / 12,5	242 / 7,9
			3	515 / 12,5	515 / 12,2	583 / 12,6	571 / 12,6	579 / 12,8	591 / 12,5	515 / 12,4	58111 2,6	241 / 7,7
6	3_b	22	1	385 / 11,3	388 / 12,3	395 / 12,5	399 / 12,8	401 / 12,5	408 / 12,9	387 / 11,8	401 / 12,7	285 / 6,9
			2	429 / 12,4	426 / 12,1	482 / 12,5	482 / 12,4	497 / 13,0	479 / 12,8	428 / 12,3	485 / 12,7	278 / 6,9
			3	521 / 12,2	507 / 12,2	583 / 12,7	593 / 12,6	568 / 12,6	586 / 12,7	514 / 12,2	583 / 12,7	286 / 6,7

Tabelle 12-81 Rohdichte und Holzfeuchte der Zugscherversuche (Na d = 4,6 mm)

Serie	UDP	Dicke in mm	Versuch	Rohdichte in kg/m³ Holzfeuchte in %								
				VH_oben	VH_unten	KH_oben_links	KH_oben_rechts	KH_unten_links	KH_unten_rechts	Mittelwert VH	Mittelwert KH	HFDP
7	1_1d	35	1	393 11,9	402 12,1	433 11,8	440 11,7	430 11,7	442 11,9	398 12,0	436 11,8	224 8,5
			2	414 12,2	385 12,0	482 12,2	482 11,9	467 11,8	494 11,6	400 12,1	481 11,9	225 8,7
			3	508 13,0	500 12,3	542 12,0	548 12,1	558 11,7	554 11,8	504 12,7	551 11,9	227 8,9
8	2_c	35	1	393 11,7	387 11,4	444 11,6	450 12,0	458 11,4	456 11,5	390 11,6	452 11,6	217 8,0
			2	433 11,5	430 11,6	527 11,7	523 11,6	534 11,9	530 11,9	432 11,6	529 11,8	222 8,4
			3	504 11,8	519 12,8	536 11,6	531 11,5	542 11,9	554 11,7	512 12,3	541 11,7	221 8,1
9	3_c	35	1	406 12,3	404 11,9	456 12,0	455 12,2	460 11,9	476 12,0	405 12,1	462 12,0	281 7,6
			2	436 11,5	434 11,7	531 11,8	535 11,6	535 11,9	539 11,8	435 11,6	535 11,8	281 7,4
			3	501 12,0	504 11,8	535 11,8	546 11,6	548 11,3	542 11,4	503 11,9	543 11,5	272 7,5

Tabelle 12-82 Versuchsauswertung der Zugscherversuche (Na d = 3,8 mm)

Serie	UDP	Dicke	Durchmesser	Rückenbreite	Versuch	Verschiebungsmodul k_i in kN/mm / Verschiebungsmodul k_s in kN/mm					F_{max} in kN
		in mm				oben_links	oben_rechts	unten_links	unten_rechts	Maßg.	
1	1_1a	18	3,8	-	1	2,23 / 1,67	2,21 / 1,65	1,71 / 1,28	2,11 / 1,58	1,91 / 1,43	1,17
					2	2,20 / 1,65	2,10 / 1,58	3,62 / 2,71	1,94 / 1,46	2,15 / 1,61	1,28
					3	2,03 / 1,52	2,52 / 1,89	2,17 / 1,63	2,18 / 1,63	2,17 / 1,63	1,61
2	2_a	18	3,8	-	1	1,50 / 1,12	1,72 / 1,29	1,82 / 1,36	1,63 / 1,22	1,61 / 1,20	1,02
					2	1,90 / 1,42	1,80 / 1,35	1,88 / 1,41	2,64 / 1,98	1,85 / 1,39	1,14
					3	1,47 / 1,10	1,58 / 1,18	1,53 / 1,14	1,34 / 1,00	1,43 / 1,07	1,22
3	3_a	18	3,8	-	1	1,53 / 1,15	1,54 / 1,16	1,69 / 1,27	1,76 / 1,32	1,54 / 1,15	0,89
					2	1,91 / 1,43	2,14 / 1,61	2,51 / 1,88	2,03 / 1,52	2,03 / 1,52	1,30
					3	1,69 / 1,27	1,93 / 1,45	1,71 / 1,28	1,90 / 1,43	1,80 / 1,35	1,21
4	1_1b	22	3,8	-	1	1,82 / 1,36	2,09 / 1,57	1,34 / 1,00	2,05 / 1,54	1,70 / 1,27	1,12
					2	2,32 / 1,74	2,75 / 2,06	2,02 / 1,51	2,06 / 1,54	2,04 / 1,53	1,41
					3	1,94 / 1,45	2,30 / 1,72	2,41 / 1,81	2,07 / 1,55	2,12 / 1,59	1,44
5	2_b	22	3,8	-	1	1,74 / 1,31	2,24 / 1,68	2,00 / 1,50	1,97 / 1,48	1,98 / 1,49	1,11
					2	2,00 / 1,50	2,40 / 1,80	1,72 / 1,29	2,46 / 1,84	2,09 / 1,56	1,49
					3	2,27 / 1,70	2,33 / 1,75	2,56 / 1,92	2,46 / 1,84	2,30 / 1,73	1,58
6	3_b	22	3,8	-	1	1,62 / 1,22	1,93 / 1,45	1,73 / 1,30	1,72 / 1,29	1,73 / 1,30	1,01
					2	1,30 / 0,97	2,44 / 1,83	1,59 / 1,19	2,12 / 1,59	1,85 / 1,39	0,99
					3	2,43 / 1,83	3,12 / 2,34	2,81 / 2,11	2,64 / 1,98	2,73 / 2,05	1,69

Tabelle 12-83   Versuchsauswertung der Zugscherversuche mit Na (d = 4,6 mm)

| Serie | UDP | Dicke | Durchmesser | Rückenbreite | Versuch | Verschiebungsmodul k_i in kN/mm
Verschiebungsmodul k_s in kN/mm | | | | | F_{max} in kN |
		in mm				oben_links	oben_rechts	unten_links	unten_rechts	Maßg.	
7	1_1d	35	4,6	-	1	1,47 1,10	1,87 1,40	2,04 1,53	1,91 1,44	1,67 1,25	1,21
					2	2,18 1,64	1,50 1,12	1,51 1,13	1,69 1,27	1,60 1,20	1,24
					3	2,37 1,78	2,18 1,63	2,30 1,72	1,57 1,18	1,93 1,45	1,65
8	2_c	35	4,6	-	1	1,40 1,05	1,69 1,27	1,54 1,15	1,33 1,00	1,43 1,07	1,23
					2	2,22 1,66	1,69 1,26	1,67 1,25	1,68 1,26	1,68 1,26	1,35
					3	1,51 1,13	1,54 1,16	1,91 1,43	1,41 1,06	1,53 1,15	1,49
9	3_c	35	4,6	-	1	1,94 1,45	2,18 1,64	1,83 1,37	2,77 2,08	2,06 1,55	1,29
					2	1,52 1,14	2,16 1,62	2,17 1,63	2,12 1,59	1,84 1,38	1,38
					3	1,93 1,45	1,44 1,08	1,86 1,40	2,31 1,73	1,69 1,27	1,68

Tabelle 12-84 Rohdichte und Holzfeuchte der Zugscherversuche mit Klammern (b_r = 12 mm, t = 18 mm und t = 22 mm)

Serie	UDP	Dicke in mm	Versuch	Rohdichte in kg/m³ Holzfeuchte in %								
				VH_oben	VH_unten	KH_oben_links	KH_oben_rechts	KH_unten_links	KH_unten_rechts	Mittelwert VH	Mittelwert KH	HFDP
22	1_1A	18	1	394 / 11,9	389 / 11,8	478 / 12,1	481 / 12,1	466 / 12,0	482 / 12,2	392 / 11,9	477 / 12,1	314 / 9,0
			2	392 / 12,4	416 / 12,5	505 / 12,2	483 / 12,1	484 / 12,0	514 / 12,0	404 / 12,5	497 / 12,1	279 / 8,7
			3	513 / 11,9	508 / 12,2	603 / 12,0	592 / 12,2	597 / 12,0	592 / 11,6	511 / 12,1	596 / 12,0	280 / 8,4
23	2_A	18	1	401 / 12,1	414 / 12,1	470 / 11,8	450 / 11,9	499 / 11,8	448 / 11,8	408 / 12,1	467 / 11,8	226 / 8,8
			2	423 / 11,8	437 / 11,9	465 / 11,7	526 / 11,8	500 / 11,9	475 / 11,8	430 / 11,9	492 / 11,8	226 / 8,9
			3	496 / 12,1	523 / 11,8	580 / 12,0	602 / 11,7	605 / 11,9	610 / 11,7	510 / 12,0	599 / 11,8	225 / 8,7
24	3_A	18	1	392 / 11,7	419 / 11,3	476 / 11,8	484 / 11,8	485 / 11,9	465 / 11,9	406 / 11,5	478 / 11,9	274 / 8,0
			2	401 / 11,6	436 / 12,0	497 / 11,9	482 / 11,7	484 / 11,8	464 / 11,9	419 / 11,8	482 / 11,8	288 / 7,4
			3	511 / 11,7	503 / 11,6	600 / 11,7	574 / 12,0	580 / 12,2	602 / 12,0	507 / 11,7	589 / 12,0	269 / 7,7
25	1_1B	22	1	411 / 11,6	405 / 11,6	467 / 11,5	473 / 11,4	467 / 11,5	471 / 11,2	408 / 11,6	470 / 11,4	272 / 7,8
			2	429 / 12,2	438 / 11,9	485 / 11,7	480 / 11,7	483 / 11,8	489 / 11,8	434 / 12,1	484 / 11,8	291 / 8,1
			3	491 / 11,8	485 / 11,5	580 / 11,6	577 / 11,8	605 / 11,4	612 / 11,2	488 / 11,7	594 / 11,5	280 / 8,3
26	2_B	22	1	419 / 11,7	408 / 10,9	460 / 11,7	464 / 11,4	460 / 11,7	464 / 11,4	414 / 11,3	462 / 11,6	240 / 8,5
			2	442 / 12,0	423 / 11,7	493 / 11,6	492 / 11,8	479 / 11,6	498 / 11,7	433 / 11,9	491 / 11,7	242 / 8,4
			3	490 / 12,5	492 / 12,5	588 / 11,9	573 / 12,0	571 / 11,9	590 / 11,4	491 / 12,5	581 / 11,8	241 / 8,3
27	3_B	22	1	398 / 11,7	410 / 11,6	477 / 11,5	476 / 11,3	464 / 11,5	467 / 11,2	404 / 11,7	471 / 11,4	285 / 7,2
			2	429 / 11,8	424 / 11,8	480 / 11,6	486 / 11,4	492 / 11,8	493 / 11,4	427 / 11,8	488 / 11,6	278 / 7,3
			3	462 / 12,1	441 / 11,9	569 / 12,2	579 / 12,0	585 / 12,1	581 / 11,9	452 / 12,0	579 / 12,1	286 / 7,1

Tabelle 12-85 Rohdichte und Holzfeuchte der Zugscherversuche mit Klammern (b_r = 12 mm, t = 35 mm)

Serie	UDP	Dicke in mm	Versuch	VH_oben	VH_unten	KH_oben_links	KH_oben_rechts	KH_unten_links	KH_unten_rechts	Mittelwert VH	Mittelwert KH	HFDP
28	1_1d	35	1	413	409	506	466	478	466	411	479	224
				11,2	10,9	11,7	11,4	11,6	11,5	11,1	11,6	8,6
			2	445	443	520	479	496	467	444	491	225
				11,6	11,6	12,2	11,6	11,9	11,6	11,6	11,8	9,0
			3	453	499	566	563	560	571	476	565	227
				12,2	12,1	11,8	12,0	12,1	12,0	12,2	12,0	8,7
29	2_c	35	1	412	402	498	463	641	481	407	521	217
				11,5	11,6	11,6	11,3	11,5	11,6	11,6	11,5	8,6
			2	434	433	472	493	476	475	434	479	222
				12,0	11,7	11,8	11,7	11,8	11,8	11,9	11,8	8,3
			3	464	471	573	567	581	569	468	573	221
				12,0	11,9	12,1	11,9	11,6	11,9	12,0	11,9	8,1
30	3_c	35	1	409	404	469	457	470	472	407	467	281
				11,4	11,6	11,3	11,2	11,3	11,3	11,5	11,3	7,4
			2	448	439	545	563	556	580	444	561	281
				11,5	11,9	11,7	11,9	11,7	11,3	11,7	11,7	7,5
			3	456	453	561	568	572	589	455	573	272
				12,9	11,7	11,6	11,7	11,9	11,5	12,3	11,7	8,0

Tabelle 12-86 Versuchsauswertung der Zugscherversuche mit Klammern (b_r = 12 mm, t = 18 mm und t = 22 mm)

| Serie | UDP | Dicke | Durchmesser | Rückenbreite | Versuch | Verschiebungsmodul k_i in kN/mm / Verschiebungsmodul k_s in kN/mm | | | | | F_{max} in kN |
		in mm				oben_links	oben_rechts	unten_links	unten_rechts	Maßg.	
22	1_1A	18	2	12	1	1,31 / 0,98	1,51 / 1,13	0,74 / 0,56	1,29 / 0,97	1,02 / 0,76	1,09
					2	0,87 / 0,65	0,58 / 0,43	1,59 / 1,20	1,34 / 1,01	0,72 / 0,54	1,17
					3	1,57 / 1,18	1,43 / 1,07	1,12 / 0,84	1,42 / 1,07	1,27 / 0,96	2,12
23	2_A	18	2	12	1	1,08 / 0,81	0,63 / 0,48	0,94 / 0,71	0,94 / 0,70	0,86 / 0,64	1,32
					2	0,69 / 0,52	0,35 / 0,26	0,61 / 0,46	1,17 / 0,88	0,52 / 0,39	1,13
					3	1,00 / 0,75	1,33 / 1,00	1,03 / 0,78	1,14 / 0,86	1,09 / 0,82	1,67
24	U3_A	18	2	12	1	1,28 / 0,96	0,74 / 0,55	0,59 / 0,44	0,67 / 0,51	0,63 / 0,48	1,00
					2	1,31 / 0,99	1,36 / 1,02	1,16 / 0,87	0,85 / 0,64	1,01 / 0,76	1,26
					3	1,12 / 0,84	1,08 / 0,81	0,74 / 0,56	1,16 / 0,87	0,95 / 0,71	1,55
25	1_1B	22	2	12	1	1,10 / 0,82	1,88 / 1,41	1,31 / 0,98	1,14 / 0,86	1,23 / 0,92	1,24
					2	1,70 / 1,27	1,01 / 0,76	0,98 / 0,73	1,40 / 1,05	1,19 / 0,89	1,41
					3	0,65 / 0,48	1,44 / 1,08	0,79 / 0,59	0,89 / 0,67	0,84 / 0,63	1,22
26	UDP 2_B	22	2	12	1	1,35 / 1,01	1,00 / 0,75	0,98 / 0,73	0,77 / 0,58	0,87 / 0,66	1,23
					2	1,21 / 0,91	0,99 / 0,74	0,85 / 0,64	1,11 / 0,83	0,98 / 0,73	1,53
					3	1,37 / 1,03	1,08 / 0,81	0,47 / 0,35	0,96 / 0,72	0,71 / 0,54	1,70
27	UDP 3_B	22	2	12	1	1,48 / 1,11	1,46 / 1,10	1,37 / 1,03	1,13 / 0,85	1,25 / 0,94	1,33
					2	1,51 / 1,13	1,31 / 0,98	1,11 / 0,83	1,45 / 1,09	1,28 / 0,96	1,49
					3	1,21 / 0,91	1,95 / 1,46	1,25 / 0,94	1,13 / 0,85	1,19 / 0,89	1,45

Tabelle 12-87   Versuchsauswertung der Zugscherversuche mit Klammern (b_r = 12 mm, t = 35 mm)

Serie	UDP	Dicke	Durchmesser	Rückenbreite	Versuch	oben_links	oben_rechts	unten_links	unten_rechts	Maßg.	F_{max} in kN
		in mm				Verschiebungsmodul k_i in kN/mm / Verschiebungsmodul k_s in kN/mm					
28	1_1d	35	2	12	1	1,13 / 0,85	0,65 / 0,49	1,11 / 0,84	1,10 / 0,82	0,89 / 0,67	1,09
					2	0,66 / 0,50	1,38 / 1,03	1,08 / 0,81	0,85 / 0,64	0,97 / 0,73	1,11
					3	1,24 / 0,93	1,21 / 0,91	0,74 / 0,55	0,88 / 0,66	0,81 / 0,61	1,04
29	2_c	35	2	12	1	1,03 / 0,77	1,30 / 0,98	1,15 / 0,86	0,91 / 0,68	1,03 / 0,77	0,98
					2	1,00 / 0,75	1,22 / 0,92	0,91 / 0,68	0,85 / 0,64	0,88 / 0,66	0,90
					3	1,51 / 1,13	0,95 / 0,71	0,81 / 0,61	1,03 / 0,78	0,92 / 0,69	0,87
30	3_c	35	2	12	1	1,51 / 1,13	1,28 / 0,96	0,90 / 0,67	0,99 / 0,74	0,94 / 0,71	1,14
					2	1,19 / 0,89	1,28 / 0,96	0,79 / 0,59	0,81 / 0,61	0,80 / 0,60	1,03
					3	0,94 / 0,70	0,97 / 0,73	0,95 / 0,71	1,06 / 0,79	0,95 / 0,71	1,23

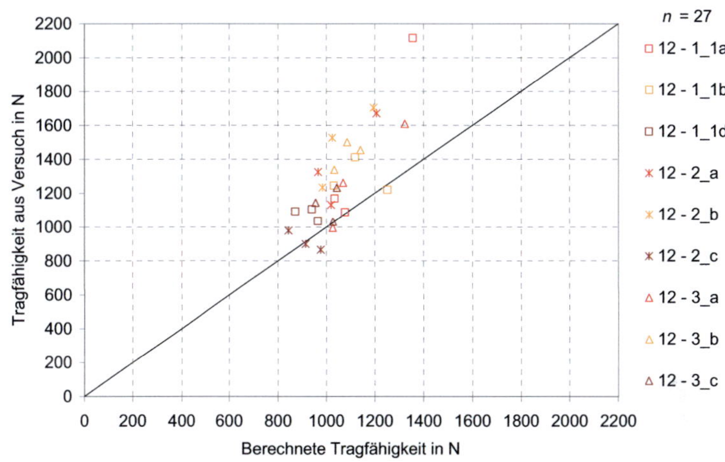

Bild 12-1   Versuchsergebnisse der Zugscherversuche mit Klammern über den berechneten Werten

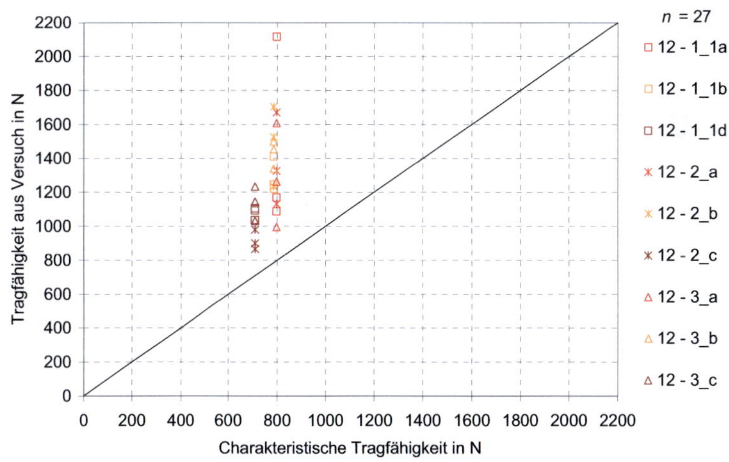

Bild 12-2   Versuchsergebnisse der Zugscherversuche mit Klammern über den berechneten charakteristischen Werten

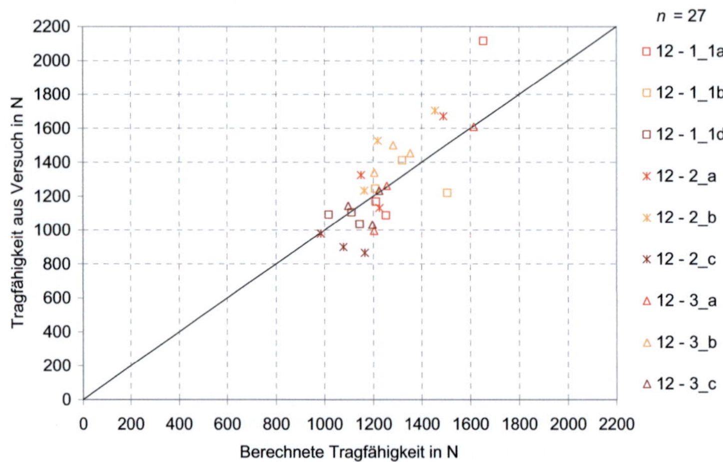

Bild 12-3   Versuchsergebnisse der Zugscherversuche mit Klammern über den berechneten Werten

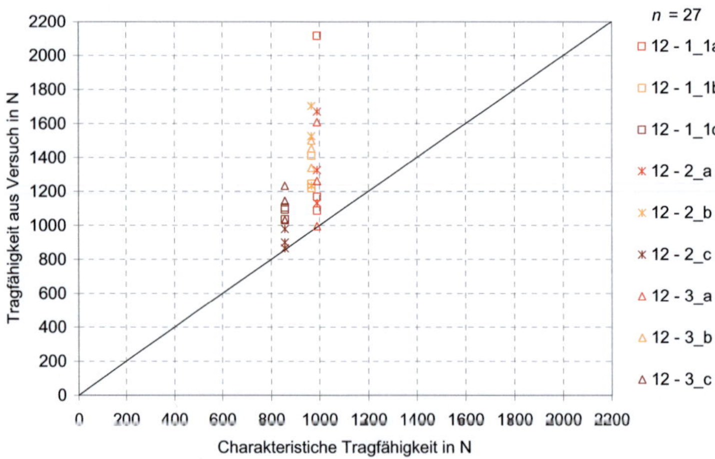

Bild 12-4   Versuchsergebnisse der Zugscherversuche mit Klammern über den berechneten charakteristischen Werten

Tabelle 12-88   Rohdichte und Holzfeuchte der Zugscherversuche mit Breitrückenklammern

Serie	UDP	Dicke in mm	Versuch	Rohdichte in kg/m^3				Holzfeuchte in %			
				VH_oben	VH_unten	Mittelwert VH	HFDP	VH_oben	VH_unten	Mittelwert VH	HFDP
10	1_1A	18	1	422	417	420	314	11,8	11,0	11,4	8,3
			2	446	450	448	280	11,7	10,7	11,2	7,9
			3	403	457	430	275	11,8	12,2	12,0	7,8
11	2_A	18	1	417	422	420	226	11,6	11,6	11,6	7,8
			2	450	450	450	227	11,6	11,7	11,7	7,9
			3	437	447	442	227	11,5	11,6	11,6	7,7
12	3_A	18	1	409	413	411	273	11,5	12,5	12,0	7,5
			2	439	454	447	290	12,5	12,2	12,4	7,2
			3	458	465	462	274	12,2	12,3	12,3	7,9
13	1_1B	22	1	411	414	413	280	11,7	12,1	11,9	8,0
			2	434	425	430	285	11,8	12,3	12,1	8,3
			3	448	462	455	281	12,2	12,0	12,1	8,0
14	2_B	22	1	408	390	399	240	12,2	12,0	12,1	8,5
			2	432	452	442	242	12,2	12,8	12,5	8,6
			3	475	469	472	242	11,5	12,5	12,0	8,7
15	3_B	22	1	403	423	413	286	12,4	12,3	12,4	7,3
			2	434	446	440	278	12,0	12,5	12,3	7,5
			3	447	461	454	278	13,1	12,8	13,0	7,3
16	1_1d	35	1	412	394	403	230	12,3	12,1	12,2	8,7
			2	411	442	427	226	12,1	12,9	12,5	8,8
			3	457	432	445	227	12,7	13,2	13,0	9,0
17	2_c	35	1	423	413	418	219	11,4	12,2	11,8	8,1
			2	433	434	434	223	12,1	11,8	12,0	8,4
			3	453	444	449	222	11,8	12,8	12,3	8,3
18	3_c	35	1	385	418	402	288	12,8	12,0	12,4	7,9
			2	441	442	442	287	12,5	12,3	12,4	7,6
			3	449	438	444	279	12,6	12,6	12,6	7,9
19	W 1_2	40	1	394	390	392	180	11,8	12,0	11,9	9,3
			2	390	428	409	185	11,9	11,8	11,9	9,4
			3	564	572	568	185	11,9	12,0	12,0	8,5
20	W 2	60	1	412	398	405	190	11,9	11,9	11,9	9,1
			2	424	430	427	185	12,0	12,0	12,0	9,2
			3	570	563	567	186	12,0	11,9	12,0	8,6
21	W 3	40	1	385	389	387	251	11,9	11,8	11,9	8,3
			2	431	415	423	264	11,8	11,3	11,6	8,0
			3	573	577	575	269	12,0	12,2	12,1	8,2

Tabelle 12-89 Versuchsauswertung der Zugscherversuche mit Breitrückenklammern (t = 18 mm und t = 22 mm)

Serie	UDP	Dicke	Durchmesser	Rückenbreite	Versuch	oben_links	oben_rechts	unten_links	unten_rechts	Maßg.	F_{max} in kN
			in mm			Verschiebungsmodul k_i in kN/mm / Verschiebungsmodul k_s in kN/mm					
10	1_1A	18	2	27	1	0,90 / 0,67	0,99 / 0,75	1,07 / 0,80	0,94 / 0,71	0,95 / 0,71	0,97
					2	0,75 / 0,56	0,83 / 0,62	0,63 / 0,47	0,50 / 0,38	0,57 / 0,43	0,85
					3	0,42 / 0,32	0,53 / 0,40	0,72 / 0,54	0,68 / 0,51	0,48 / 0,36	0,86
11	2_A	18	2	27	1	0,52 / 0,39	0,41 / 0,31	0,49 / 0,37	0,33 / 0,25	0,41 / 0,31	0,62
					2	0,48 / 0,36	0,39 / 0,29	0,44 / 0,33	0,45 / 0,34	0,43 / 0,32	0,62
					3	0,43 / 0,33	0,54 / 0,40	0,39 / 0,29	0,27 / 0,20	0,33 / 0,25	0,53
12	3_A	18	2	27	1	0,49 / 0,37	0,57 / 0,43	0,44 / 0,33	0,44 / 0,33	0,44 / 0,33	0,48
					2	0,50 / 0,38	0,53 / 0,39	0,56 / 0,42	0,54 / 0,41	0,51 / 0,39	0,73
					3	0,66 / 0,49	0,48 / 0,36	0,57 / 0,43	0,51 / 0,38	0,54 / 0,41	0,61
13	1_1B	22	2	27	1	0,94 / 0,71	0,77 / 0,58	0,68 / 0,51	0,80 / 0,60	0,74 / 0,56	1,01
					2	0,76 / 0,57	0,85 / 0,63	0,80 / 0,60	0,73 / 0,55	0,77 / 0,58	0,93
					3	0,72 / 0,54	0,64 / 0,48	0,60 / 0,45	0,55 / 0,41	0,58 / 0,43	0,94
14	2_B	22	2	27	1	0,69 / 0,52	0,56 / 0,42	0,56 / 0,42	0,55 / 0,41	0,55 / 0,41	0,77
					2	0,49 / 0,37	0,47 / 0,35	0,61 / 0,46	0,62 / 0,47	0,48 / 0,36	0,81
					3	0,47 / 0,36	0,47 / 0,35	0,62 / 0,47	0,56 / 0,42	0,47 / 0,35	0,85
15	3_B	22	2	27	1	0,49 / 0,37	0,68 / 0,51	0,59 / 0,44	0,62 / 0,46	0,58 / 0,44	0,87
					2	0,61 / 0,46	0,38 / 0,29	0,49 / 0,37	0,48 / 0,36	0,48 / 0,36	0,77
					3	0,50 / 0,37	0,38 / 0,28	0,52 / 0,39	0,61 / 0,46	0,44 / 0,33	0,73

Tabelle 12-90 Versuchsauswertung der Zugscherversuche mit Breitrückenklammern (UDP t = 35 mm und WDVP)

Serie	UDP	Dicke	Durchmesser	Rückenbreite	Versuch	oben_links	oben_rechts	unten_links	unten_rechts	Maßg.	F_{max} in kN
			in mm			Verschiebungsmodul k_i in kN/mm / Verschiebungsmodul k_s in kN/mm					
16	1_1d	35	2	27	1	0,76 / 0,57	0,72 / 0,54	0,50 / 0,38	0,43 / 0,32	0,47 / 0,35	0,81
					2	0,76 / 0,57	0,67 / 0,50	0,73 / 0,55	0,70 / 0,53	0,72 / 0,54	0,76
					3	0,53 / 0,40	0,52 / 0,39	0,66 / 0,49	0,63 / 0,47	0,53 / 0,40	0,68
17	2_c	35	2	27	1	0,43 / 0,32	0,45 / 0,34	0,58 / 0,43	0,56 / 0,42	0,44 / 0,33	0,64
					2	0,48 / 0,36	0,31 / 0,23	0,61 / 0,46	0,60 / 0,45	0,40 / 0,30	0,50
					3	0,30 / 0,22	0,46 / 0,34	0,63 / 0,47	0,56 / 0,42	0,38 / 0,28	0,63
18	3_c	35	2	27	1	0,65 / 0,49	0,62 / 0,46	0,78 / 0,58	0,69 / 0,52	0,63 / 0,48	0,90
					2	0,71 / 0,53	0,64 / 0,48	0,64 / 0,48	0,80 / 0,60	0,67 / 0,50	0,88
					3	0,64 / 0,48	0,54 / 0,41	0,73 / 0,54	0,65 / 0,49	0,59 / 0,44	0,80
19	W 1_2	40	2	27	1	0,51 / 0,38	0,54 / 0,40	0,50 / 0,38	0,48 / 0,36	0,49 / 0,37	0,57
					2	0,58 / 0,43	0,51 / 0,38	0,54 / 0,40	0,61 / 0,46	0,54 / 0,41	0,62
					3	0,51 / 0,38	0,44 / 0,33	0,52 / 0,39	0,52 / 0,39	0,47 / 0,35	0,71
20	W 2	60	2	27	1	0,33 / 0,24	0,33 / 0,25	0,41 / 0,30	0,41 / 0,30	0,33 / 0,25	0,44
					2	0,36 / 0,27	0,37 / 0,27	0,40 / 0,30	0,31 / 0,23	0,35 / 0,26	0,42
					3	0,30 / 0,22	0,25 / 0,19	0,31 / 0,23	0,29 / 0,22	0,27 / 0,20	0,38
21	W 3	40	2	27	1	0,59 / 0,44	0,64 / 0,48	0,53 / 0,40	0,59 / 0,44	0,56 / 0,42	0,66
					2	0,63 / 0,47	0,48 / 0,36	0,60 / 0,45	0,71 / 0,53	0,55 / 0,42	0,68
					3	0,40 / 0,30	0,44 / 0,33	0,29 / 0,22	0,30 / 0,23	0,29 / 0,22	0,64

12.7 Wand- und Dachscheibenversuche

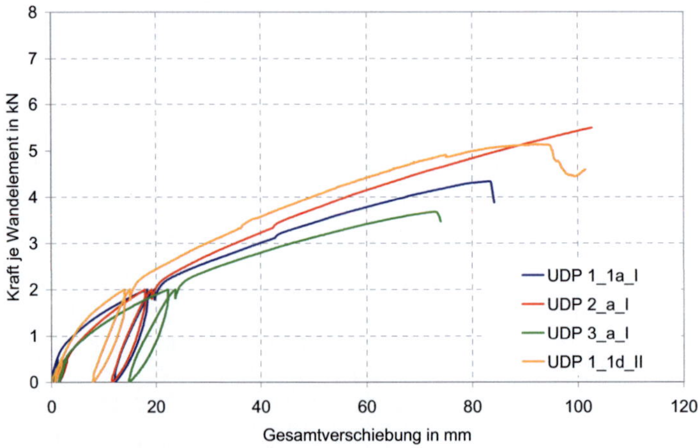

Bild 12-5   Kraft-Verschiebungskurven der Versuche 1 bis 4

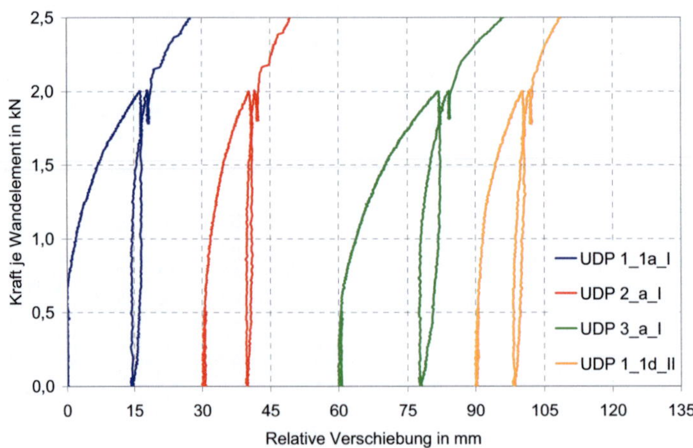

Bild 12-6   Kraft-Verschiebungskurven der Versuche 1 bis 4 für die Auswertung
                   der Steifigkeiten

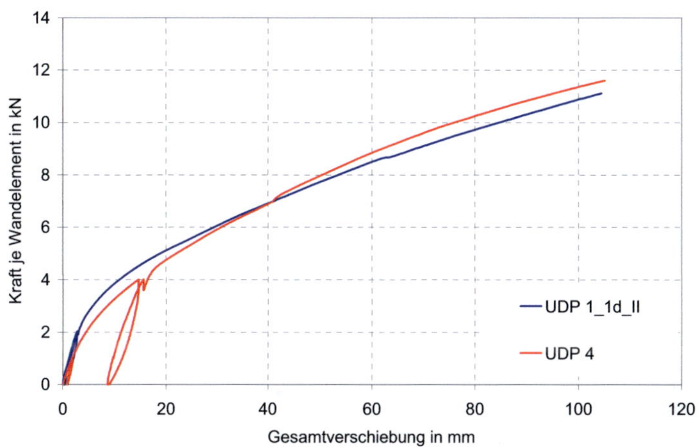

Bild 12-7   Kraft-Verschiebungskurven der Versuche 5 und 8

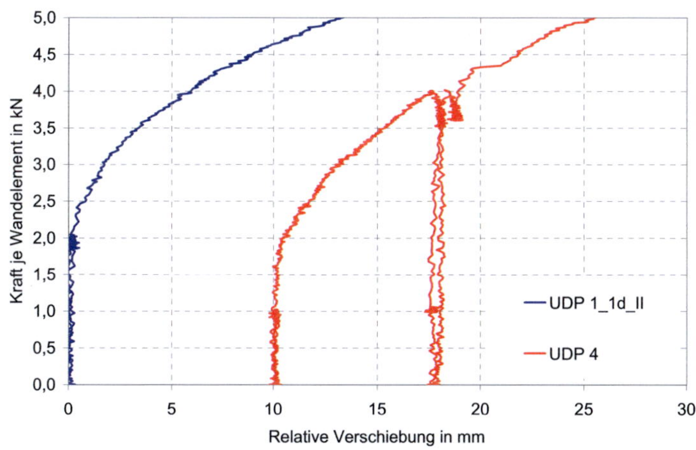

Bild 12-8   Kraft-Verschiebungskurven der Versuche 5 und 8 für die Auswertung
der Steifigkeiten

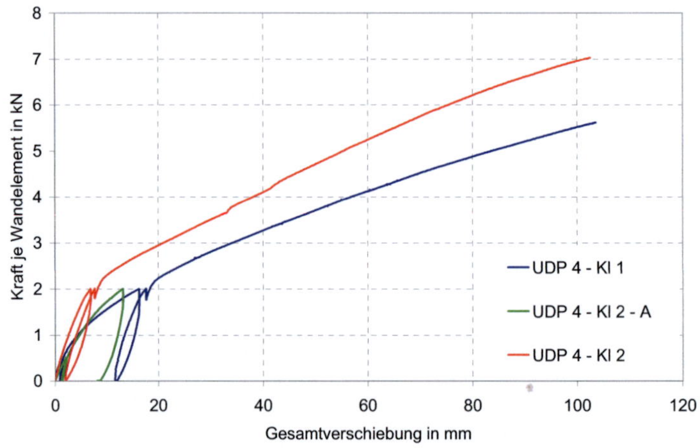

Bild 12-9 Kraft-Verschiebungskurven der Versuche 6 und 7

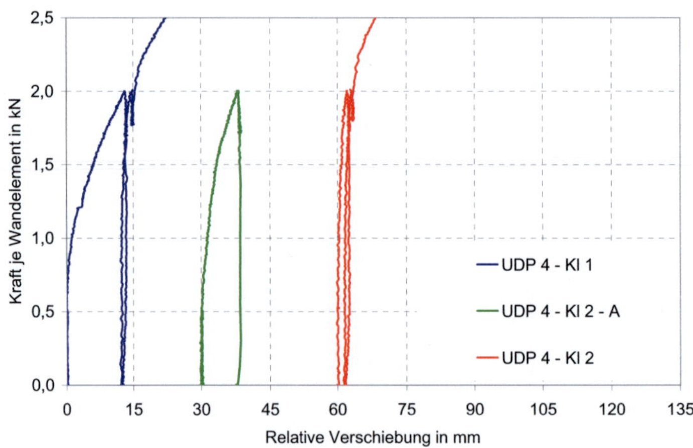

Bild 12-10 Kraft-Verschiebungskurven der Versuche 6 und 7 für die Auswertung der Steifigkeiten

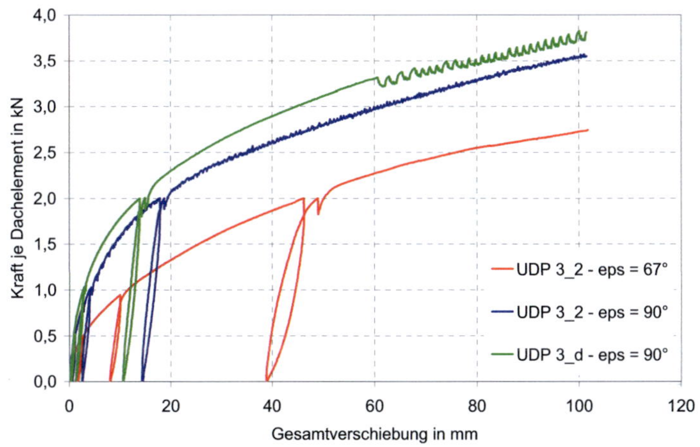

Bild 12-11   Kraft-Verschiebungskurven der Dachscheibenversuche mit Schrauben

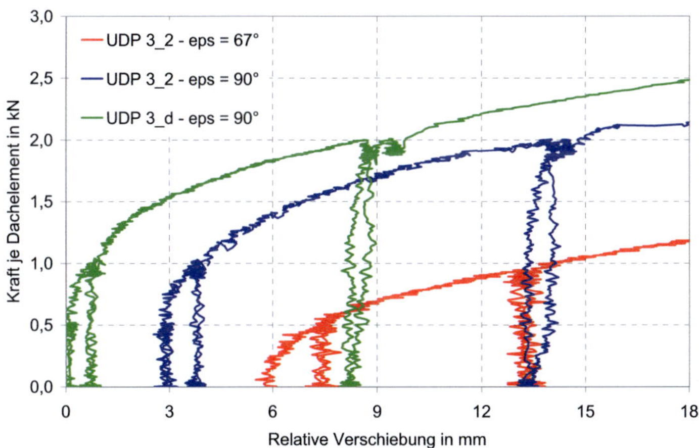

Bild 12-12   Kraft-Verschiebungskurven der Versuche 6 und 7 für die Auswertung der Steifigkeiten

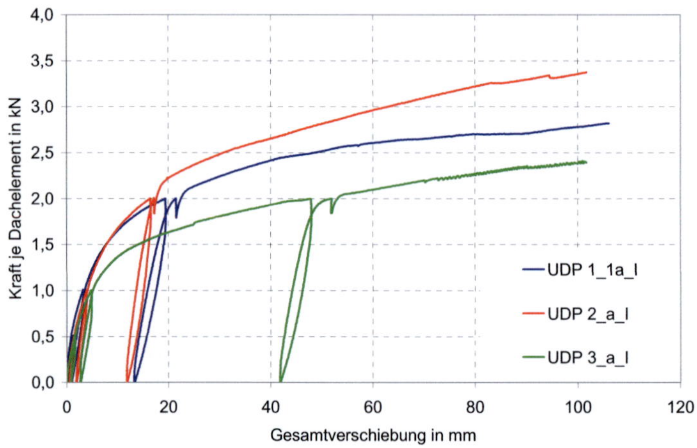

Bild 12-13　　Kraft-Verschiebungskurven der Dachscheibenversuche mit Nägeln

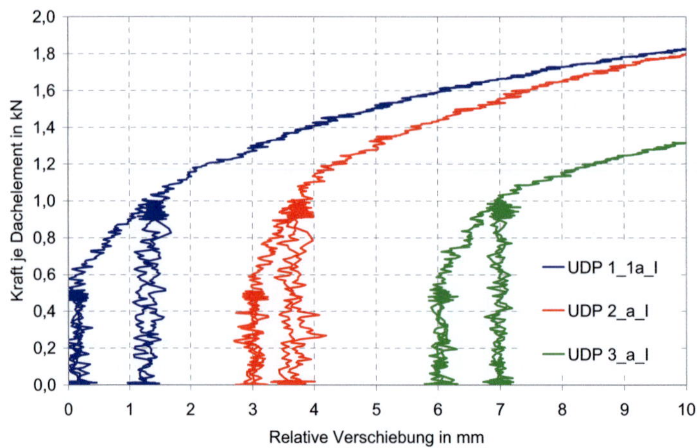

Bild 12-14　　Kraft-Verschiebungskurven der Dachscheibenversuche mit Nägeln für die Auswertung der Steifigkeiten

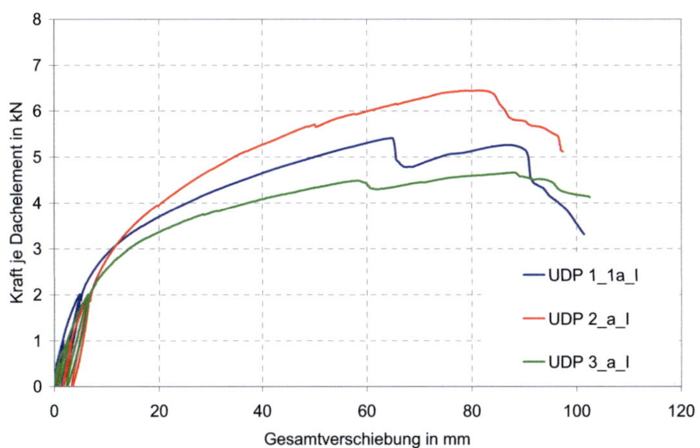

Bild 12-15   Kraft-Verschiebungskurven der Dachscheibenversuche mit Nägeln und ungestoßener Beplankung

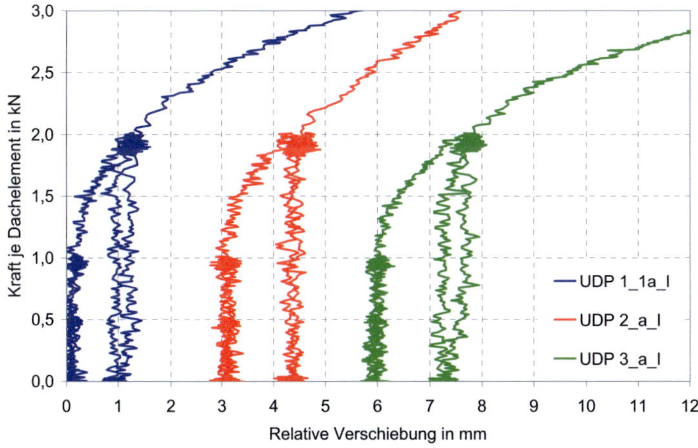

Bild 12-16   Kraft-Verschiebungskurven der Dachscheibenversuche mit Nägeln und ungestoßener Beplankung für die Auswertung der Steifigkeiten

Tabelle 12-91   Rohdichte des Vollholzes der Wandversuche

		\multicolumn{8}{c}{Rohdichte in kg/m^3}							
Versuch		1	2	3	4	5	6	7	8
Holztafel 1	Schwelle	401	371	507	440	414	475	472	413
	Rippe 1	394	371	497	466	464	461	484	458
	Rippe 2	419	379	482	419	422	456	479	450
	Rähm	390	355	518	448	427	455	483	465
Holztafel 2	Schwelle	402	437	507	440	405	420	473	394
	Rippe 1	401	380	538	435	431	463	424	451
	Rippe 2	392	416	369	451	542	469	456	418
	Rähm	408	383	521	440	411	419	482	430
Mittelwert		401	387	492	442	440	452	469	435
Minimum		390	355	369	419	405	419	424	394
Maximum		419	437	538	466	542	475	484	465
Standardabweichung		9,45	26,7	52,6	13,5	45,2	21,2	20,4	25,0
Variationskoeffizient [%]		2,36	6,92	10,7	3,06	10,3	4,70	4,35	5,76
Mittelwert		\multicolumn{8}{c}{440}							
Minimum		\multicolumn{8}{c}{355}							
Maximum		\multicolumn{8}{c}{542}							
Standardabweichung		\multicolumn{8}{c}{43,0}							
Variationskoeffizient [%]		\multicolumn{8}{c}{9,77}							

Tabelle 12-92   Holzfeuchte des Vollholzes der Wandversuche

		\multicolumn{8}{c}{Holzfeuchte in %}							
Versuch		1	2	3	4	5	6	7	8
Holztafel 1	Schwelle	11,1	12,5	11,5	10,3	11,1	11,6	10,4	11,2
	Rippe 1	10,9	11,2	11,4	10,6	10,2	10,6	10,4	11,0
	Rippe 2	10,6	10,6	11,7	10,0	10,6	10,9	10,6	10,8
	Rähm	10,8	12,2	11,0	11,4	12,8	11,1	10,5	12,0
Holztafel 2	Schwelle	10,7	12,3	11,5	12,3	12,4	12,3	11,4	11,4
	Rippe 1	10,9	10,7	10,7	10,8	10,2	10,6	10,6	10,6
	Rippe 2	11,0	10,9	10,5	11,2	10,1	10,4	10,9	10,7
	Rähm	11,1	12,4	11,4	12,1	13,0	11,1	11,1	11,2
Mittelwert		10,9	11,6	11,2	11,1	11,3	11,1	10,7	11,1
Minimum		10,6	10,6	10,5	10,0	10,1	10,4	10,4	10,6
Maximum		11,1	12,5	11,7	12,3	13,0	12,3	11,4	12,0
Standardabweichung		0,18	0,82	0,43	0,82	1,24	0,62	0,36	0,45
Variationskoeffizient [%]		1,66	7,11	3,83	7,41	11,0	5,62	3,37	4,07
Mittelwert		\multicolumn{8}{c}{11,1}							
Minimum		\multicolumn{8}{c}{10,0}							
Maximum		\multicolumn{8}{c}{13,0}							
Standardabweichung		\multicolumn{8}{c}{0,70}							
Variationskoeffizient [%]		\multicolumn{8}{c}{6,26}							

Tabelle 12-93   Rohdichte und Feuchtegehalt der HFDP der Wandversuche

	Rohdichte in kg/m^3 Holzfeuchte in %							
Versuch	1	2	3	4	5	6	7	8
Holztafel 1	259	265	266	250	251	259	255	257
	8,5	8,4	7,4	8,4	8,5	7,3	7,3	7,3
Holztafel 2	257	263	266	249	251	261	257	258
	8,3	8,2	7,3	8,3	8,4	7,5	7,4	7,4
Mittelwert	258	264	266	250	251	260	256	258
	8,4	8,3	7,4	8,4	8,4	7,4	7,4	7,3

Bild 12-17   Ausbildung der Auflager; links: fest, rechts: verschieblich

Bild 12-18   Symmetrische Lasteinleitung in die Rähme

Bild 12-19   Zugstoßgelenk zur Verbindung der beiden Versuchskörper

Tabelle 12-94   Rohdichte des Vollholzes der Dachversuche

		Rohdichte in kg/m^3								
Versuch		1	2	3	4	5	6	7	8	9
Holztafel 1	Rippe 1	500	444	574	439	404	465	489	486	502
	Rippe 2	467	440	452	423	420	457	487	493	472
	Konterlatte 1	365	356	535	454	396	442	572	531	623
	Konterlatte 2	473	366	504	456	430	411	566	511	608
Holztafel 2	Rippe 1	452	394	529	438	391	468	492	467	534
	Rippe 2	427	399	513	435	406	474	457	449	501
	Konterlatte 1	423	364	456	474	390	426	585	500	679
	Konterlatte 2	448	355	484	411	422	497	567	498	641
Mittelwert		445	390	506	441	407	455	527	492	570
Minimum		365	355	452	411	390	411	457	449	472
Maximum		500	444	574	474	430	497	585	531	679
Standardabweichung		40,6	36,1	41,4	19,7	14,9	27,4	50,2	25,3	76,8
Variationskoeffizient		9,14	9,27	8,18	4,46	3,67	6,03	9,53	5,15	13,5
Mittelwert		470								
Minimum		355								
Maximum		679								
Standardabweichung		67,4								
Variationskoeffizient [%]		14,3								

Tabelle 12-95   Holzfeuchte des Vollholzes der Dachversuche

Versuch		Holzfeuchte in %								
		1	2	3	4	5	6	7	8	9
Holztafel 1	Rippe 1	10,9	11,1	10,7	10,8	10,2	10,4	10,1	11,2	10,4
	Rippe 2	11,1	11,0	11,0	11,2	11,2	9,9	10,1	10,3	9,9
	Konterlatte 1	10,6	10,7	11,4	11,7	12,1	11,9	11,5	11,8	11,5
	Konterlatte 2	11,1	10,9	11,2	11,9	12,4	11,9	11,6	11,6	11,9
Holztafel 2	Rippe 1	11,1	10,8	10,9	10,1	10,2	10,1	11,7	10,0	10,8
	Rippe 2	11,0	10,9	10,6	9,9	11,5	10,1	11,1	10,3	10,5
	Konterlatte 1	11,0	10,6	10,5	11,6	12,1	11,9	11,6	11,8	11,5
	Konterlatte 2	11,1	10,7	11,4	12,0	12,3	11,7	11,5	11,4	11,3
Mittelwert		11,0	10,8	11,0	11,2	11,5	11,0	11,1	11,0	11,0
Minimum		10,6	10,6	10,5	9,9	10,2	9,9	10,1	10,0	9,9
Maximum		11,1	11,1	11,4	12,0	12,4	11,9	11,7	11,8	11,9
Standardabweichung		0,18	0,18	0,35	0,79	0,88	0,94	0,68	0,73	0,67
Variationskoeffizient		1,65	1,65	3,17	7,12	7,70	8,59	6,08	6,6	6,1
Mittelwert		11,1								
Minimum		9,9								
Maximum		12,4								
Standardabweichung		0,65								
Variationskoeffizient [%]		5,9								

Tabelle 12-96   Rohdichte und Feuchtegehalt der HFDP der Dachversuche

Versuch		Rohdichte in kg/m^3 Holzfeuchte in %								
		1	2	3	4	5	6	7	8	9
Holztafel 1	1	275 8,2	275 8,3	272 7,8	262 8,3	262 8,3	266 6,8			
	2	274 8,3	275 8,0	272 7,9	261 8,3	261 8,3	269 8,4	263 8,6	266 8,5	275 8,0
	3	274 8,3	275 8,1	272 7,9	263 8,5	263 8,5	268 7,6			
	4	274 8,4	271 8,0	272 7,9	265 8,4	265 8,4	273 8,4			
Holztafel 2	1	279 8,2	274 8,2	273 7,9	262 8,1	262 8,1	264 8,2			
	2	276 8,3	277 8,1	274 8,0	257 8,2	257 8,2	268 7,8	253 8,7	265 8,6	274 7,7
	3	276 8,1	274 8,1	271 7,8	260 8,3	260 8,3	269 7,6			
	4	277 8,2	274 8,1	273 7,8	263 8,1	263 8,1	247 8,1			
Mittelwert		276 8,2	274 8,1	272 7,9	262 8,3	262 8,3	266 7,8	258 8,6	265 8,6	275 7,9

Bild 12-20   Dachscheibenversuche – Lasteinleitung